Kraftort Garten

Heiko Hähnsen

Kraftort Garten

KOSMOS

Die lebendige Erde erspüren 9

Der Weg zum Kraftgarten 31

Gestalten mit Pflanzen 95

Anlegen und bauen 131

Der Alltag im Kraftgarten 177

Das Innere zählt

Ein Garten der Kraft ist weniger abhängig von einer äußeren Form, sondern von innerer Qualität. Ich möchte sagen, von der tiefen Verbundenheit mit dem, was im Ursprung ist und mit dem, was im besten Fall sein kann. Es ist eine Rückverbindung zur Erde und ein Streben zur höchsten Transformation.
Ich habe mich selber fragen müssen, was ist das Charakteristische an einem geomantischen Garten der Kraft? Gibt es Details, die besonders typisch sind für einen solchen Garten, ist es ein bestimmter Stil, eine bestimmte Form?
Dieses Buch ist eine Anregung, die Welt, den Garten und vielleicht sich selbst in einer anderen Weise – aus einem poetischeren Blickwinkel – zu betrachten.
Ich würde mich freuen, wenn Sie beginnen, Ihren Garten als persönliches Resonanzfeld zu erkennen, als Lehrmeister für das Leben, und die Arbeit darin als Erfahrungsweg mit Ihrem Selbst gestalten können. Dieses Buch gibt Ihnen viele Anregungen aus 15 intensiven Jahren der Gartengestaltung, Gehölzschulung und geomantischer Studien und ich hoffe, Sie damit in Ihrer Fantasie und Ihren Träume zu berühren.

„Kraftort Garten" ist kein Buch, in dem ich Ihnen einfach rate: Stellen Sie dieses oder jenes Objekt in einen Winkel Ihres Gartens – und alles wird gut! Sie werden vielmehr erkennen, dass jedes Detail im Garten einen sehr persönlichen Bezug zu Ihnen selber hat, bedeutungsvoll – jedoch niemals allumfassend glückbringend oder unheilverheißend.
Bevor Sie Ihren Garten zu verändern beginnen, versuchen Sie, sich dem anzunähern, was war und ist. Versuchen Sie, es auch in sich selbst zu finden. Erst dann haben Sie die Basis erschaffen, auf die das Neue – fast wie von selbst – in seine schönste Gestalt hinzustreben beginnt!

Die lebendige Erde erspüren

Die Erde ist ein faszinierender Planet. Je mehr unsere Wissenschaft seine Geheimnisse entdeckt und zu ergründen sucht, desto geheimnisvoller mag er uns erscheinen. Gleichzeitig sind wir von seiner Schönheit fasziniert und wünschen uns, inniger teilhaben zu dürfen an seinem Wesen.

Es gibt Orte in der Landschaft, die uns an die Bilder der Märchen und Sagen mit ihren mythischen Gestalten erinnern. An solchen Orten meinen wir diese Wesen beinahe schon zu spüren.

Was ist Geomantie?

Geomantie wird oft als „so etwas wie europäisches Feng Shui" beschrieben. Das zeigt grundsätzlich in die richtige Richtung, doch wer weiß schon, was genau Feng Shui ist. Das liegt sicher daran, dass Geomantie – ob östlich oder westlich – eine Sicht auf die Welt beschriebt, die sehr umfassend, vielfältig und komplex ist. Feng Shui, die chinesische Geomantie, hat sich bei uns etabliert als eine Sammlung magischer Regelwerke und Vorschriften, die sich aus der Kosmologie der Fünf-Elemente-Lehre ergeben. Die europäische Geomantie möchte ich Ihnen als einen Weg des unterscheidenden Fühlens vorstellen.

Geomantie, die „Erfahrungswissenschaft"

Etwas zu fühlen heißt, etwas „wahr-zu-nehmen". Das Fühlen ist vielleicht wenig konkret, nicht sichtbar, nicht messbar und schon gar nicht verifizierbar und doch ist es unbestreitbar Realität und niemandem fremd. In Bezug zu bestimmten Personen, Orten oder Situationen habe ich immer ein besonderes Gefühl: Das ist eine Erfahrung!

Das unterscheidende Fühlen, die bewusste, ordnende Wahrnehmung von Gefühlen ist eine Grundlage der Geomantie. Geomantie nennt man deshalb auch eine „Erfahrungswissenschaft" – wobei ich die Klassifizierung „Kunst" vorziehe. Der Vorteil des unterscheidenden Fühlens ist der Nachteil der Regelwerke und Messverfahren. Ein Regelwerk oder besser eine idealisierte, kosmische Ordnung betrachtet alle Äußerungen nur im Zusammenhang dieses einen Systems. Dadurch können Ereignisse sicher in Teilaspekten erfasst werden, doch viele Fragen bleiben unbeantwortet. Also sucht man nach einem weiteren Ordnungssystem, legt es darüber und ein weiterer Teilaspekt des Ganzen tritt zutage.

Das Gefühl ist viel dichter an der Wirklichkeit. Es führt mich schneller zu den wichtigsten Aspekten des Augenblicks, wodurch ich sofort zu einer Lösung finde, die eine kritische, unbefriedigende Situation verbessert.

Wahrsagen und Wahrnehmen

Geomantie setzt sich aus den altgriechischen Silben *geo* = Erde und *mantik* = Wahrsagekunst zusammen. Es geht also um das Wahrsagen aus den Zeichen der Erde. Ich kann natürlich nur etwas „wahr-sagen", wenn ich zuvor etwas „wahrgenommen" habe: die Wahrnehmung der Erde oder dessen, was auf oder unter der Erdoberfläche ist und wirkt. Ein alter Baum wirkt auf mich. Ein großer Fels wirkt auf mich. Die Anwesenheit und Qualität von Wasser wirkt auf mich.

In der Geomantie werden lebendiges Wasser und „Steinpersönlichkeiten" als wichtige Quellen der Inspiration wahrgenommen. Sie sind Teil eines energetischen Netzwerkes der Lebenskräfte einer Landschaft.

Das ist fast der ganze Zauber an der Geomantie. Man kann seine Wahrnehmung hierzu immer mehr verfeinern, so wie ich meinen Geschmack für die Qualität von Speisen verfeinere, wenn ich mich damit beschäftige. Der Vergleich gefällt mir spontan, denn ich halte die Geomantie für einen Ur-Instinkt des Menschen, mit dem jeder von uns ausgestattet ist. Es ist überlebenswichtig für einen Menschen, in einer natürlichen Welt – ohne moderne Siedlungsstrukturen – den für ihn besten und sichersten Platz zu finden. Und es ist etwas Wunderbares, seinen Garten so zu gestalten, dass man ihn als angenehm empfindet.

Geomantie in Geschichte und Gegenwart

Wenn wir uns heute auf die Wahrnehmungsebene der Geomantie begeben, so betreten wir eine sehr alte Welt, in der der Mensch die Erde als lebendigen Organismus wahrgenommen hat. Alles, was ihm im Außen begegnete, war Teil der Innenwelt eines übergroßen Wesens, welches sowohl Nahrung, Schutz und Vergnügen bereithielt als auch für Schrecken und Furcht einflößende Ereignisse verantwortlich war. Alles griff und wirkte ineinander, denn alles war Teil eines lebendigen Ganzen. Tod und Leben waren eine Einheit, und die Begegnung mit körperlosen Seelen war kein beängstigendes Phänomen, sondern eine Begegnung, die gleichfalls als Teil eines Ganzen verstanden wurde. In der Zeit unserer keltischen Vorfahren schien diese Einheit schon weitestgehend aus dem Bewusstsein verschwunden zu sein. Zwar gab es weiterhin die Verehrung von Steinen, Bäumen, Gewässern, jedoch als Teil einer mächtigen Götterwelt, die es zu besänftigen oder um Unterstützung zu bitten galt. Die Erde an sich wurde offenbar als Ort der Strafe und Bedrängnis wahrgenommen, der Himmel als Ort der Freiheit und Seligkeit, in dessen Sphären der Mensch durch einen ehrenhaften Tod gelangen wollte. Natürlich gab es zu dieser Zeit heilige Männer und Frauen, die die Welt noch in der alten Weise erlebten und dadurch wichtige Erkenntnisse zu heilkräftigen Pflanzen, energetisch starken Plätzen und über lebenswichtige Nahrungsquellen erhielten. Die Entfernung vom Bewusstsein der alles vereinigenden lebendigen Welt ging vermutlich einher mit dem Aufkommen des Patriarchats, also der Entscheidungs- und Handlungsmacht durch eine männliche Gemeinschaft.

Die Geomantie hatte seit der Zeit des Patriarchats oft die Aufgabe, die Überlegenheit der einen Gruppe durch ein Wissen über verborgene, nicht sichtbare Kräfteorganisationen der Erde zu sichern. Es ging vornehmlich darum, die Lebensorganisation des Planeten für kurzsichtige Überlebens- und Machtinteressen nutzbar zu machen. Geomantie wurde im Laufe der Jahrhunderte zur Kunst und zum Teil auch zum Geheimwissen der Städteplaner und Architekten bis in die Neuzeit hinein, bis das Diktat der vermeintlichen wissenschaftlichen Ordnung diese Prinzipien ersetzte.
Heute steht die Geomantie am Scheideweg, die aktuelle „zerstörerische" Kulturepoche des Menschen mit Informationen zu versorgen, die zu einer weiteren Manifestation der Verhältnisse beiträgt, oder den Menschen die Welt zu zeigen, wie sie wirklich zu sein scheint. Ein Ort der vollkommenen Einheit, bedingungslos genährt, geschützt und geliebt. Der eigene Garten kann ein guter Ort sein, dies für sich zu erfahren und sich mit dieser schöpferischen Wirklichkeit zu verbinden.

Der geomantische Blick

Durch die Geomantie komme ich zu einem Blick auf die Natur, der der Wahrnehmung eines sogenannten Animisten ähnelt. In der Sichtweise eines Animisten ist alles Ding und Leben von Geist und Seele belebt. Obwohl ich von einer animistischen Sichtweise spreche, herrschte wohl in allen Kulturen und Religionen der Welt allgemeine Einigkeit darüber, das dies so ist. Die christlichen Kirchen sahen hier vielfach den Teufel am Werk, andere die göttliche Weisheit im Zusammenspiel einer irdischen Polarität. Alles was ist, ist lebendig und beseelt.
Unsere heutige Naturtheorie gründet sich auf einer Ansicht, der ein naturmechanistisches Konzept zugrunde liegt, also einer Sicht, die ein Vorhandensein von Geist und Seele vollkommen verneint und alles auf ein – noch zu entschlüsselndes – rein mechanistisches Zusammenspiel von ineinandergreifenden, zahnradähnlichen Strukturen reduzieren möchte. Neben diesem durchaus spannenden naturphysikalischen Denkansatz ergibt sich eine programmatische Unmoral gegenüber der Schöpfung und dem Wunder des Lebens. Warum sollten alle Kulturen der Welt von Irrtum geleitet worden sein, nur weil sie nicht zum Ziel hatten, den Menschen als Maschine zu betrachten und die Erde für die Bequemlichkeit des Menschen bis zur Zerstörung der Lebensgrundlagen auszupressen? Mit dieser Kritik an der herrschenden Weltsicht möchte ich Sie einladen, die Welt einmal anders zu sehen. Einen Zugang zu bekommen zu dem, was dort wirkt und ist. Dass Geist, Gedanken, Gefühle und ein Bewusstsein von Seele keine Phänomene sind, die auf die menschliche Spezies beschränkt sind. Es ist vielmehr so, dass wir aus unserer Eigenwahrnehmung schlussfolgern dürfen, dass die anderen Erscheinungen dieses Planeten in einer vergleichbaren Weise aufgebaut und organisiert sind wie wir.
Wir sollten uns fragen, wie und wo das Gefühl, der Geist, die Gedanken, das Ich und die Seele bei den anderen Erscheinungs- und Lebensformen des Universums – z. B. Tiere, Pflanzen, Steine – zu finden sind. Als Anregung hierzu möchte ich Rudolf Steiner bemühen, geistiger Vater und Mitbegründer wichtiger pädagogischer und naturphilosophischer Institutionen, wie der Waldorfpädagogik und der biologisch-dynamischen Landwirtschaft. Er sprach davon, dass das, was wir in uns selbst als Gefühl und Gedanken wahrnehmen, bei anderen Lebewesen beispielsweise als Gruppenseele auf einer kosmischen Feldebene manifestiert ist. Bei den Pflanzen sah er diese Phänomene in den sogenannten Feen oder Devas verkörpert, die auch als organisationsbegabte Bewusstseinsfelder definiert werden könnten, wenn einem die mythische Benennung nicht gefallen mag. Hier gibt es für jeden von uns viel zu entdecken und zu erleben, um ein Vertrauen zu unserer, dem allgemeinem Weltbild widersprechenden Wahrnehmung gewinnen können. Ich würde mich freuen, wenn ich Sie für diese Welt sensibilisieren könnte.

Poetische Plätze laden ein, über die großen Zusammenhänge in der Natur zu sinnieren. Letztlich bleibt jeweils ein Staunen über die dynamische Intelligenz, mit der die Erde und das Universum einen Strom des Lebens aufrechterhalten.

Von inneren und äußeren Ereignissen

Das Prinzip Mikro-Makrokosmos beschreibt die Annahme und Beobachtung, dass Ereignisse und Strukturen in gleicher Weise sowohl in einem übergeordneten als auch in einem untergeordneten Zusammenhang zu finden sind. Das Wissen hierum ist sehr alt und Grundlage vieler alternativer Heilmethoden – wie die Fußreflexzonentherapie als gut fassbares Beispiel für Resonanzen innerhalb eines Organismus. Die Wahrsagekunst, zu denen auch die Geomantie gehört, benutzt die Beobachtungen gewisser Gleichzeitigkeiten von Ereignissen und Phänomenen in der einen Kosmologie, z. B. einem Kartenspiel oder einem Horoskop und der anderen Kosmologie, z. B. dem Leben eines einzelnen Menschen, um beim Eintreffen des einen Ereignisses mit ziemlicher Wahrscheinlichkeit sagen zu können, dass dies in Resonanz zu einem bestimmten anderen Ereignis steht. Das mag sich willkürlich anhören, beruht aber auf jahrtausendelanger Beobachtung, mit einer relativen Treffsicherheit.

Der Geomant deutet beispielsweise aus der differenzierten Wahrnehmung von Lebensqualität an einem Ort, für welche Nutzung durch den Menschen er besonders geeignet ist, oder ob er für eine gewünschte Nutzung, z. B. einen Sitzplatz als Treffpunkt für die Familie oder einen geschützten Ruheplatz, ungeeignet ist. Es gibt natürlich zahlreiche kosmologische Systeme, wie das Keltische Kreuz, oder natürliche Hinweisgeber, wie bestimmter Pflanzenbewuchs, die den Geomanten inspirieren, seine Suche in einer bestimmten Richtung zu beginnen. Doch die eigentliche Deutung beruht auf der Erfahrung im Bereich feinster Wahrnehmung und einem Zugang zu Informationsräumen anderer Wirklichkeitsebenen.

Mensch und Erde

Das Prinzip von Mikro-Makrokosmos wird in der Geomantie auch immer wieder auf Mensch und Erde angewandt. Anscheinend gibt es einige Parallelen zwischen dem Körper des Menschen und dem Körper der Erde, die eine solche Ansicht unterstreichen können, wie das Verhältnis von Wasser- und Landmasse bei der Erde, das dem gleichen Verhältnis von Körpermasse und Zellwasser im Menschen entsprechen soll.

Ich möchte Ihnen eine Möglichkeit der Wirklichkeitsbetrachtung nahebringen, die hilfreich sein kann, die Erde als Lebewesen zu verstehen, wahrzunehmen und dadurch einen tieferen Einblick in die Dynamik und Wesenhaftigkeit von Landschaft und Natur zu gewinnen. Das kann sehr spannend

Oben: Der Garten als Miniatur einer idealisierten Landschaft wurde in der japanischen Gartenkunst besonders ausdrucksstark entwickelt.

Unten: Ist die Erde ein lebendiges, menschenähnliches Wesen?

und gleichzeitig sehr poetisch sein. Wenn Sie jetzt einmal experimentieren und zu sich sagen: Wenn die Erde ist wie ich, was sind für die Erde dann ihre Erinnerungen?
Rudolf Steiner sprach schon in den 1920er-Jahren davon, dass Flug und Gesang der Vögel für die Erde das darstellen, was für uns die Erinnerungen sind. Eine interessante Betrachtung und durchaus wert einmal hineinzuspüren, inwieweit wir dies nachempfinden können. Jemand, der sich mit diesem Phänomen intensiver und über längere Zeit beschäftigt hat, wird durchaus in der Lage sein, von der Art der Vögel und deren Flugverhalten auf die Erinnerungen zu schließen, die an einem Ort gespeichert sind – seien sie nun natürlichen Ursprungs oder aus dem Wirken der Menschen entstanden.
Sie können auf diese Weise versuchen, Ihr ganzes menschliches Wesen im Wesen der Erde wiederzufinden und dabei eine ganz und gar andere Wahrnehmung der Natur erfahren und erlernen.

Garten und Erde

Ein ähnliches Resonanzprinzip sehe ich im Verhältnis von Garten und Erde. Jeder Garten ist ein winziger Teil der Erde. Er ist also verbunden mit dieser und besteht prinzipiell aus dem gleichen Baustoff. Ich stelle mir das Verhältnis wie eine einzelne Zelle unseres Körpers vor, die ja auch für sich ein in sich geschlossenes System und gleichzeitig ein Teil eines großen übergeordneten Systems ist. Wobei jeder einzelne Teil im übergeordneten System die gleichen Erbinformationen hat.
Jeder von uns ist quasi in der Lage, einen lichtvollen Heilimpuls in seinem Garten zu setzen, der durch das Prinzip der Resonanz seine Wirkung für die ganze Erde entfalten kann. Ich möchte Sie ermutigen, in Ihrem zukünftigen Kraftgarten oder einem ausgewählten Platz in der Landschaft in dieser Richtung aktiv zu werden – ich denke, unser Heimatplanet kann diese Beachtung gut brauchen und wird sie dankbar annehmen.

Eine Architektur, die sich in an die gegebene Landschaft anschmiegt, deutet auf eine Bewohnerpersönlichkeit, die der Erde und unserer Umwelt mit Respekt begegnet.

Wohnhaus und Persönlichkeit

In der Geomantie betrachten wir das Wohnhaus oder den Wohnraum eines Menschen als Spiegelbild seiner Persönlichkeit. Es wird auch vom „Psychogramm des Raumes" gesprochen. Offenbar definieren wir Menschen uns weitestgehend durch unsere Beziehung zum Außen. Eine Situation im Außen erkennen wir unbewusst als etwas Entsprechendes in uns selbst. Je nachdem, wie wir zu dem stehen, was in uns in vielfältiger Form verborgen ist, reagieren wir auf die Begegnung im Außen unterschiedlich. Je weniger wir uns mit unseren schwachen und unliebsamen Seiten beschäftigt haben, desto stärker werden wir auf Situationen im Außen reagieren, die mit diesen Teilen unserer Persönlichkeit in Resonanz gehen. Das Außen hat einen prägenden Einfluss auf uns.

Besonders dicht wird unser Verhältnis zu den Räumen und dem Haus, in denen wir wohnen, da wir uns dort in vertrauter Weise bewegen. Zum einen haben wir diesen Platz vielleicht bewusst ausgesucht oder zumindest ein Stück weit mitgestaltet, sodass wir uns in Harmonie mit ihm fühlen. Zum anderen sind wir hier offener, sind nicht so achtsam bezüglich dessen, was uns begegnet. Wir lassen den Ort intensiver auf uns wirken, besonders während der Nachtzeit, sodass uns unsere Umgebung ein Stück weit formen kann. Das ist eine Möglichkeit, das Phänomen zu erklären, mit dem die Geomantie erfolgreich arbeiten kann: Das Haus entspricht der Persönlichkeit des Menschen!

Der geübte Geomant kann aus der Art, der Form, dem Wesen des Hauses sowie der Innengestalt und Nutzung der Räume ein genaues Psychogramm der dort lebenden Personen erstellen. Spiegelt ein Haus die Persönlichkeit seiner Bewohner wieder, so repräsentieren die umliegenden Häuser demnach andere Persönlichkeiten. Diese haben natürlich auch einen Einfluss auf uns, so wie Menschen, denen wir häufig begegnen. Stehen die Häuser dicht an dicht, gibt es keine Bewegungsfreiheit für das einzelne Haus – bildlich gesprochen – sie müssen sich mit einem gewissen Gleichmut und Toleranz begegnen, um es so dicht miteinander aushalten zu können. Zur Bestätigung dieses Resonanzphänomens werfen wir einen Blick auf die Sozialstruktur der Städte, wo die Häuser oft ohne Zwischenraum aneinandergebaut sind. Tatsächlich finden wir in der Stadt mehr Toleranz – oder auch Desinteresse – für die Eigenarten der anderen, als wir sie auf dem Land finden würden. Allerdings sorgt die Enge unter Umständen auch für ein höheres Aggressionspotenzial als in weiten Siedlungsstrukturen.

Wohnen wir auf einem Grundstück, auf dem das Haus nur einen Teil einnimmt, haben wir die Gelegenheit, einen Garten anzulegen. Mit diesem Garten treten wir in Aktion, um den Zwischenraum zu den anderen Häusern zu gestalten. Wir fangen an, die Art und Weise, wie wir dem sozialen Umfeld begegnen und wie uns das Umfeld begegnen kann, bewusst zu steuern. Daher steht der Garten oder das Grundstück um ein Gebäude für die sozialen, gesellschaftlichen Kontakte eines Menschen. Interessant finde ich, dass Häuser, die auf einem ungestalteten, leeren Grundstück stehen, unbewohnt und verlassen aussehen. Wir können daher sagen: Die soziale Interaktion ist Ausdruck einer lebendigen Persönlichkeit.

Obwohl diese beiden Gärten ähnliche Stilmittel verwenden, ist der Unterschied der Persönlichkeiten klar zu erkennen: Der linke verfolgt seine Ordnung trotz großer Lebensdynamik, der rechte benötigt Raum, um seinen Prinzipien zu folgen.

Raum und Energie

Die Definition von Raum, auch eines Gartenraums, und der darin wirksamen Energiepräsenz ist eine wichtige Information zum Verständnis der Geomantie bzw. dessen, womit sich die Geomantie beschäftigt. Ein Raum definiert sich für uns in erster Linie durch seine sichtbaren Grenzen, wobei der Begriff „Raum" zu verstehen ist als das klassische, allseits umschlossene Zimmer, aber auch jede andere Art von lebendigem oder totem Körper oder Gefäß. Jede Körperzelle ist in diesem Sinne ein Raum für sich. Des Weiteren sind damit alle anderen, angedeuteten, strukturellen Räume und Parzellen gemeint, die baulich, durch Bewuchs oder durch topografische Brüche und Einschnitte in der Landschaft voneinander abgegrenzt sind. Jeder dieser Räume ist von einer speziellen, dominierenden Energie oder Atmosphäre erfüllt.

Eine Waschküche beispielsweise ist funktional auf eine bestimmte Arbeit mit Wasser ausgerichtet, was zu einer bestimmten Atmosphäre führt, in die die meisten von uns sofort hineinspüren können, da diese spezielle Atmosphäre einen festen Platz in unserer Erinnerung hat. Um die spezielle Stimmung an einem Ort genauer zu definieren und sie mit der an anderen Orten zu vergleichen, kann es hilfreich sein, zu überlegen, was wir an einem Ort, wie einer Waschküche, nicht machen würden. Kaum einem würde es einfallen, sich dort gemütlich niederzulassen. Diese Stimmung passt eher zum Wohnzimmer. Das Wohnzimmer hat eine geradezu konträre Stimmungsqualität zur Waschküche. Was diese beiden Räume verbindet, ist jedoch die Lage innerhalb eines übergeordneten Raumes, dem Haus. Ausgehend von diesem Beispiel wird verständlich, dass es in jedem Raum unterschiedliche Ebenen gibt, die für die Gesamtenergie des Raumes verantwortlich sind. Dieser übergeordnete Raum hat wiederum seine ganz spezielle Energie, die wir sowohl in der Waschküche als auch im Wohnzimmer wiederfinden können. In dem Raum des Gebäudes wirken wiederum übergeordnete Raumenergien. Hierzu gehören unter anderem die Raumqualitäten des Grundstücks, des geologischen Fundaments, der Nachbarschaft, der Ortschaft, der Landschaft, des Kulturkreises, des Kontinentes, des Planeten, des Sonnensystems und der Gesamtheit des Universums.

Im ersten Augenblick erscheint die Aufzählung der Einflüsse des Sonnensystems und Universums womöglich unnötig, doch ist es so, dass sie durch die Ausrichtung und den Bezug auf die nächst höhere Ebene den Einfluss der niedrigeren

Historische Orte verbinden sich oft innig mit der umgebenden Landschaft und zeigen, wie sehr die Menschen früher in ihr verwurzelt waren.

Lichtstimmungen lassen uns spüren, welche Wesenskräfte an einem Ort wirken. Sie fordern uns auf, den Augenblick zu genießen.

Eingesenkte Gärten, wie dieses barocke Gartenbild, vermitteln durch eine klare Struktur, dass in den Raumtiefen unseres Bewusstseins „alles in Ordnung“ ist.

Rückzugsorte im Garten sind wichtig, um uns mit Impulsen eines lebendigen Seins zu versorgen, unsere Energiespeicher zu füllen und Alltagsballast zur Verwandlung abzugeben.

Ebenen verringern können. Ein Prinzip, dass wir aus der Religionsgeschichte sehr gut kennen. Indem wir uns auf die höchste Schöpferebene ausrichten, fällt es uns leichter, die Herausforderungen einer vielleicht freudlosen und brutalen Realität zu meistern.

Einen sehr wichtigen Einfluss auf alle Räume hat die Energiequalität des Lebendigen. Jeder Raum und Körper auf der Erde strebt danach, sich mit lebendiger Energie zu füllen. Neben dem Streben nach Lebendigkeit gibt es auch genügend Mechanismen und Kräfte, die dem Leben entgegenwirken. Das ist wichtig, um zu verstehen, warum Räume eine so unterschiedliche Wirkung auf unser Wohlbefinden haben. Sammeln sich in einem Raum mehr zerstörerische Energien als in den angrenzenden Räumen, so strebt dieser Raum nach Ausgleich und zieht so viel Lebensenergie in sich hinein, wie er bekommen kann – ähnlich der Osmose durch eine halbdurchlässige Membran zum Zwecke des Ausgleichs des Salzgehaltes im Zellwasser.

Für das Verständnis im Alltag gibt es folgendes Beispiel: In einen Raum mit geringem Energiepotenzial kommt ein Lebewesen mit hohem Energiepotenzial. Stellen Sie sich vor, Sie kommen von einem Ausflug aus der Natur zurück, sind mit Lebensfreude und kraftvollen Erfahrungen aufgefüllt. Um nach Hause zu kommen, steigen Sie in den U-Bahnschacht – schwupps –, und ein Teil Ihres hoch aufgefüllten Energiespeichers ist bereits wieder entleert worden. Zu Hause angekommen geht es damit weiter, am nächsten Tag am Arbeitsplatz ist nach wenigen Stunden der Speicher wieder auf Normallevel geleert. Immerhin: Ihre gute Stimmung hat die Orte, an denen Sie Ihr Überpotenzial gelassen haben, etwas aufgebessert. Die Frage ist, wie schaffen wir es, unsere Energiespeicher und damit unsere Stimmung und Laune möglichst auf hohem Niveau zu erhalten?

Für uns persönlich ist es wichtig, dass wir uns kräftemäßig an die höheren Ebenen anbinden bzw. auf diese ausrichten. Dies muss nicht zwingendermaßen einer speziellen religiösen Richtung folgen, sondern kann ganz universell geschehen. Zum anderen ist es für uns notwendig, durch die Ausrichtung und Anbindung unserer persönlichen Räume an die höheren Ebenen der Landschaft, des Kontinentes oder des Planeten die direkten Störkräfte in unserem Lebensraum abzupuffern oder diese in die größeren Strukturen förderlich zu integrieren. Der Garten um das Wohnhaus ist wunderbar geeignet, diese für unser Wohlbefinden wichtige Aufgabe zu übernehmen.

Der eifrige Umtrieb der Insekten erzeugt in blühenden Landschaften eine Aura höchster Vitalität, die wir mit den Augen aufnehmen können. Fröhliche Gedanken entstehen hier von ganz alleine.

Förderung von Lebendigkeit

Alle Einflüsse, die dem Leben entgegenwirken, verschlechtern die Raumenergie, und alle Handlungen, Gedanken und Elemente, die das Leben fördern, heben die Raumenergie an.

Wie stark eine Handlung, ein Gedanke, ein Wort oder eine Substanz Einfluss auf die Raumenergie nimmt, ist davon abhängig, wie universell der Bezug ist. Wollen wir beispielsweise eine Pflanze aus dem Garten entfernen, so ist dies in erster Ebene eine Handlung, die dem Leben entgegenwirkt. Unterstützen wir dieses Zerstörerische durch unsere Gedanken, indem wir alle Pflanzen dieser Art oder gar alle Pflanzen universell beschimpfen oder verfluchen, verstärken wir die zerstörerische Kraft unserer Handlung – die jedoch nicht universell wirkt, sondern nur gegen uns selbst und an diesem Ort. Beziehen wir uns innerlich nur auf diese eine Pflanze, handeln in einer möglichst neutralen Weise und richten unsere Gedanken auf die positive Veränderung des Raumes ohne diese Pflanze aus, dann wird diese Handlung Teil eines natürlichen Prozesses von „stirb und werde", der kaum eine negative Spur in der Stimmungsaura des Raumes hinterlässt.

Bei dem Ausführen von lebensfördernden Handlungen ist die Wirkungsweise gleichartig, nur genau gegenteilig. Richten wir unsere lebensfördernde Handlung auf nur die eine Sache aus, die wir gerade machen, dann ist die Wirkungskraft dieses Tuns sehr begrenzt. Handeln wir jedoch in dem einen Moment an einer bestimmten Sache, beispielsweise bei der Aussaat und denken dabei gleichzeitig an die Gesamtheit aller Samen, die gesät werden oder an die Intelligenz der Schöpfung, alle Informationen zur Erschaffung eines riesigen lebendigen Wesens in einem einzigen Samenkorn unterzubringen, dann wirkt unser Tun als lebensspendender Impuls in die Gesamtheit der pflanzlichen Vitalität hinein.

Geomantie und Magie

Wir Menschen sind magische Wesen! Getreu dem Satz: „Der Geist formt die Materie", erschaffen wir mit jedem Gedanken und besonders mit jedem gesprochenen Wort Wirklichkeiten. Da die Materie träge ist und unsere Gedanken oft von wechselnden Informationsinhalten sind, finden wir in unserem Alltag wenig Bestätigung für diese These. Nehmen wir jedoch nur einmal an, dass dieser Satz richtig ist. Wie viel begrenzende, negative und egoistische Wirklichkeiten kreieren wir tagtäglich. Gedanken- und Sprachhygiene ist daher ein wichtiger Lernschritt für ein erfülltes, glücklicheres Leben.

Landschaftsgärten entstanden aus der Idee einer romantischen Naturverklärung eines ursprünglichen Paradiesgartens und zeugen von der alten Sehnsucht der Menschen, in einer harmonischen Einheit mit den Wesen der Schöpfung zu leben.

Der Garten in der Geomantie

Geomantie untersucht, grob skizziert, den Einfluss natürlicher Verhältnisse auf die Lebens- und Siedlungskultur des Menschen. Es geht um das Wechselspiel, die gegenseitige Abhängigkeit und Einflussnahme von Natur und Mensch. Der Garten ist somit der Bereich unseres Alltags, in dem Geomantie praktisch für jeden Gartenbesitzer zum Einsatz kommen kann.

So wie das Haus in der Geomantie die Persönlichkeit repräsentiert, so steht der Garten in der Geomantie für das gesellschaftliche und soziale Umfeld eines Menschen.

Die Art des Gartens, die Art des Umgangs mit den natürlichen Regungen des Gartens und die Fähigkeit mit dem, was uns der Garten an Aufgaben abverlangt, steht für die Fähigkeit, sich in seinem persönlichen Umfeld zu behaupten und einzubringen.

Ein Beispiel: Menschen, denen der Garten nicht nur bildlich, sondern auch tatsächlich über den Kopf wächst, haben meist den Eindruck, ihr Leben wäre von den Anforderungen und Reglementierungen der Außenwelt vollkommen vereinnahmt. Sie fühlen sich bewegungsunfähig und in ihrer Freiheit stark eingeschränkt. Meist sind diese Leute sehr streitlustig bzw. zänkisch.

Das genaue Gegenteil ist der eher langweilige stets akkurate und glatt rasierte Garten. Diese Besitzer neigen dazu, alles und jeden in ihrer Umgebung gängeln und kontrollieren zu wollen. Jede eigenständige Regung im Garten, wie das Aufkeimen eines Löwenzahns, wird zum Feindbild. Interessanterweise sind auch diese Menschen meist streitlustig und zänkisch.

Die meisten Leser werden sich wahrscheinlich irgendwo dazwischen wiedererkennen. Wenn ja, spüren Sie einmal in sich hinein! Erkennen Sie Parallelen zwischen Ihrem Umgang mit den Anforderungen in Ihrem Garten und Ihrem Umgang mit den Anforderungen aus Ihrem sozialen und gesellschaftlichen Umfeld. Wenn ja, haben Sie eine gute Selbstwahrnehmung – herzlichen Glückwunsch!

Es kann sehr hilfreich sein, seinen Garten einmal auf diese Art und Weise zu betrachten. Viele Menschen wundern sich über ihre Probleme, die sie im Alltag haben, obwohl sie wirklich versuchen, diese zu meistern. Würden sie die energetische Entsprechung hierzu in ihrem Garten erkennen, so könnten sie eine gestalterische Veränderung vollbringen und durch Pflege aufrechterhalten! Die Erfahrungen würden ihre Handlungsfähigkeit gegenüber den Problemsituationen positiv verändern.

Die Gärten der herrschenden Klasse spiegeln exakt das soziale Selbstverständnis dieser Gruppe wieder. Hier verweist die „göttliche Behausung" auf die „gottgegebene Ordnung" der aktuellen Gesellschaft – als Reaktion auf die Ideen der Aufklärer und Sozialreformer im 19. Jahrhundert.

Der Garten als Planspiel gesellschaftlicher Ordnung

Historisch gesehen waren die Gärten der Herrscher und Mächtigen Räume, in denen die Beherrschung und Gestaltung der Welt nach modernen philosophischen Erkenntnissen und Weltanschauung präsentiert und gelebt wurde. Hier wurden gesellschaftliche Realitäten geschaffen, die die Macht und den Führungsstil der Oberen exakt widerspiegelten.

Betrachten wir einmal die Gärten der sogenannten absoluten Herrscher Frankreichs (z. B. Ludwig XIV, der Sonnenkönig). Der Garten wird vollkommen durchstrukturiert, parzelliert und nach barocken Mustern geformt. Die Landschaft dient hier als unterwürfige Spieltafel des Mächtigen. In gleicher Weise versteht der französische Adel dieser Zeit es, zu herrschen – mit der Folge einer tiefgreifenden Revolution. Eine ähnliche Geschichte kennen wir aus Russland, wo bereits eine grausame Katharina abartige Gartenbilder mit lebendigen Menschen zu schaffen wusste.

Im Gegensatz hierzu hat das liberale Königshaus in England, in dem eine Gartenkultur entstand, die natürliche Landschaft geradezu idealisiert. Große geschwungene Wiesen, naturnahe Wasserläufe und Seen, dazu mächtige Bäume und frei laufendes Wild. Welch ein Kontrast! Das Ergebnis ist, dass es die britische Monarchie immer noch gibt, dass sie geliebt und geachtet wird.

Vielleicht können diese Beispiele Ihnen helfen, in welcher Weise Sie mit Ihrem Garten umgehen wollen. Wenn Sie Geschäftsführer einer Firma sind oder der Garten Ihres Unternehmens gestaltet werden soll, kann dies durchaus ein Entscheidungsimpuls sein.

Sicher ist in unserer Gesellschaft eine Mischung verschiedener Ansätze angebracht.

Wenn Sie diese Überlegung vertiefen wollen, möchte ich Sie einladen, sich selbst zu reflektieren. Die erste Frage sollte lauten: Wie wollen Sie selbst behandelt werden?

Gartenpflege ist Mühsal, doch belohnt sie uns mit einem Gefühl von positiver Herausforderung, verdienter Ruhe sowie einer Verbundenheit mit dem Wesen der lebendigen Erde.

Getreu dem schönen deutschen Sprichwort: Wie man in den Wald hineinruft, so kommt es aus ihm heraus.
An den historischen Bespielen können wir feststellen, das ein Zuviel an Unterdrückung und Regulierungswahn irgendwann wieder bei einem selber ankommt. Andererseits kann ein unkontrollierter Wildwuchs eine Resonanz zu einer ernsthaften Handlungsunfähigkeit aktivieren.
Der Garten eines modernen bewussten und toleranten Menschen könnte meiner Meinung nach zum Beispiel so aussehen:
Eine klare Struktur durch einige bedeutende Steinfindlinge, eine Wasserfläche von guter Wasserqualität, Sträucher und Bäume, die nur eines regulierenden Pflegeschnitts bedürfen und eine Wiese, die zweimal im Jahr am besten mit der Sichel gemäht wird.

Gartenpflege als „Schulungsweg“

Gartenpflege als „Schulungsweg“ hört sich für die meisten sicherlich sehr bekannt an. Wie viel Mühe haben wir mit den Regungen im Garten und wie viel Unverstand bringen wir manchen Erscheinungen entgegen. Doch irgendwann bemerken wir, das uns die Tätigkeit in der Erde und der Kon-

Gärtnertypen

Element Wasser: Menschen, die sich ihrer Arbeit hingeben wie einem fröhlichen Strom aktiven Tuns und Wirkens haben einen „Grünen Daumen“, weil sich die blattaufbauenden Wesen gerne zu ihnen gesellen.
Element Feuer: Schöpferischen Menschen, die planen und erschaffen, geben Impulse, die für die Pflanzen eine grundsätzliche Wichtigkeit haben, doch stören sie das Wachstum, wenn sie zu viel beeinflussen wollen.
Element Erde: Musevolle Menschen, die beobachten und zu ergründen suchen, können durch die Qualität ihrer Wahrnehmung den Austausch von Mineralien und die Wirkungskraft der Gestirne auf Pflanzen und Boden fördern.
Element Luft: Sprunghafte Menschen, die keine tiefere Verbindung zu den Wesen der Natur aufbauen wollen oder können, sind „Braune Daumen“-Typen. Ihr Talent liegt eher darin, in der Natur zu singen und zu tanzen, und die anderen durch ihren Ausdruck zu begeistern.

Die Qualität unseres Blicks, mit dem wir die Dinge und Wesen dieser Welt betrachten, erschafft Sympathie und Verbindung oder Antipathie und Ablehnung. Erfreuen wir uns an den Regungen der Natur, freut sich auch die Natur über uns!

takt mit den Pflanzen belebt und erfrischt, in guter Weise herausfordert. Gartenarbeit ist aber auch ein Schulungsweg, um in dem Verhältnis zu unserer sozialen Umwelt zu lernen und unsere soziale Kompetenz zu stärken. Nach dem Gesetz der Resonanz erschaffen wir hier Wirklichkeiten und erlernen Fähigkeiten, die wir im Umgang mit der Gesellschaft gut gebrauchen können: z. B. Durchhaltevermögen, Zielstrebigkeit, Gestaltungs- und Vermittlungsfähigkeiten, Kreativität, Beobachtungsgabe, Entscheidungsfähigkeit.

Der eigene Garten als persönlicher Naturraum

Dass der Garten irgendwie uns persönlich gehört, ist damit nicht gemeint. Ich möchte vielmehr den Blick auf die interessanten Forschungsergebnisse des Amerikaners Cleve Backster („Das geheime Leben der Pflanzen") aus den 1960er-Jahren lenken. Er hat durch eine zufällige Entdeckung festgestellt, dass Pflanzen messbare Veränderungen der elektrischen Leitfähigkeit in ihren Gefäßen haben, die in Zusammenhang mit bestimmten Ereignissen ihres Bezugfeldes standen, sodass dies mit Empfindungen bei Menschen zu vergleichen ist. „Seine" Pflanzen bauten einen sehr verbindlichen Bezug zu ihm auf, sodass diese beispielsweise auf Verletzungen an ihm – ihrer Bezugsperson – mit Stressanzeige reagierten. Ich finde diese Erkenntnisse beachtlich und sehe darin eine gute Möglichkeit für jeden, auch im Garten einen sehr persönlichen Bezug zu „seinen" Pflanzen aufzubauen.

Ich kann mir vorstellen, dass so eine gepflegte Verbundenheit mit lebensbejahenden, wachstumsfreudigen, den natürlichen Rhythmen vertrauenden Wesen eine gute Unterstützung in schwierigen Alltagssituationen sein kann. Die Pflanzen werden wohl nie anfangen, laut zu sprechen, aber es ist sicher möglich, so etwas wie freudige Erregung festzustellen, wenn man in seinen Garten tritt und seinen Pflanzen in gleicher Weise begegnet.

Beobachten Sie sich selber einmal, wenn Sie Ihren Garten betreten. Sehen Sie zuerst alles, was nicht so ist, wie Sie es wollen und fangen an zu überlegen, wann Sie dies ändern wollen? Oder sehen Sie die Schönheit der Pflanzen, wie Sie blühen, Blätter treiben, Schatten werfen und sich im Wind bewegen?

Der Garten als Resonanzpunkt für die Erde

So, wie Sie mit Ihren Pflanzen ein enges, persönliches Verhältnis aufbauen können, so kann dies auch mit der Erde gelebt

werden. Unseren Heimatplaneten können wir aufgrund unseres Wissens und unserer motorisierten Beweglichkeit relativ gut überschauen und haben einen Bezug zu vielen Orten auf der Erde.
Betrachten wir die Lage jedoch ganz direkt und unmittelbar, so ist die Erde ein unendlich großer, für uns nie vollständig erfahrbarer Körper, auf dessen Oberfläche wir als winziges Wesen existieren.

Meditation im Garten

Stellen Sie sich vor, Sie graben sich eine Erdmulde, in der Sie sitzend ganz hineinpassen. Um sie herum ist nur frische Erde. Schließen Sie die Augen, atmen Sie den Duft des feuchten, kühlen Bodens ein und beginnen Sie in Ihrer Vorstellung, sich in den Erdenleib auszudehnen. Verflüchtigen Sie sich in den Erdenleib und beginnen Sie, diesen zu erforschen. Zuerst in Ihrer Nähe, dann immer weiter und tiefer. So bekommen Sie ein verbindliches Verhältnis zu dem Lebenskörper Erde. Wenn sie diese Übung an einem Ort in Ihrem Garten regelmäßig ausführen, werden Sie einen Platz tiefer Geborgenheit für sich erschaffen. Ihre Achtung und Ihre Liebe für die Erde wird sich verstärken. Ähnlich wie bei den Pflanzen wird auch die lebendige Erde eine persönliche Verbindung mit Ihnen aufbauen. Zuerst nur in Ihrem Garten, mit zunehmender Vertrautheit werden Sie an jedem beliebigen Ort die Zuneigung der Erde verspüren.

Mit Wunschbändern geschmückte Bäume deuten häufig auf die Anwesenheit einer sogenannten „Raumfee" hin.

Naturwesen

Ich gehöre nicht zu den Menschen, die überall in der Natur märchenhafte Wesen wahrnehmen und sehen. Dennoch bin ich der Überzeugung, dass Berichte und Darstellungen von Zwergen und Elfenwesen keine Hirngespinste und Auswüchse einer lebhaften Fantasie sein müssen. Wenn ich das figürlich-märchenhafte Bild verlasse und die Idee von Naturwesen aus einer anderen Perspektive betrachte, erscheint es mir nur logisch, dass es Naturwesen gibt.

Am Anfang des Buches hatte ich ja schon vom Zusammenhang oder der Gleichzeitigkeit von inneren und äußeren Strukturen und Ereignissen, dem Mikro-Makrokosmos Mensch-Erde gesprochen. Wenn ich also annehme, dass die Erde ein hochkomplexer lebendiger Organismus ist, der dem menschlichen Körper (und Wesen) gleicht, dann muss es auch vielfältige steuernde und ausführende Organe, Rezeptoren und Informationssender usw. geben. Diese steuernden Prinzipien oder Bewusstseinsträger sind für das Lebewesen Erde die sogenannten Naturwesen.

Sie haben keine Körper und sie sind eher vergleichbar mit unseren Gedanken, Gefühlen und Erfahrungen. So wie unsere Gedanken für andere Menschen nur an unseren Äußerungen, Handlungen und unserem Gesundheitszustand zu erahnen sind, so sehen wir in der Natur auch nur das Körperliche, ohne zu wissen, warum sich die einzelnen Teilnehmer so verhalten und miteinander zusammenwirken, wie sie es eben tun bzw. manchmal nicht tun. Jede Art von Naturwesen hat andere und oft sehr spezialisierte Aufgaben im Organisationsgeschehen der Erde zu erfüllen.

Es gibt unzählige Literatur zu diesem Thema, sowohl aus der neuen europäischen Geomantie als auch Klassiker, beispielsweise der landwirtschaftliche Kurs des Anthroposophen

Links: Verwachsungen von Bäumen werden in der Geomantie allgemein als möglicher Hinweis auf höhere Naturwesenheiten gedeutet.

Rechts: Auf dem Weg zu einem Naturheiligtum können einem „Wächter“ begegnen, die ihre Gestalt – wie in vielen Volksmärchen beschrieben – in Stein- oder Baumformen zeigen.

Die bekanntesten Naturwesen sind wahrscheinlich Zwerge, Trolle und Gnome. Ihre Arbeitsbereiche sind das Mineralreich, aber auch die Versorgung der Pflanzensamen, bis die Sprosse den Boden verlassen.

Rudolf Steiner und andere seiner dokumentierten Vorträge aus dem frühen 20. Jahrhundert (siehe S. 186).
Historisch gesehen, können wir davon ausgehen, dass die Menschen in vergangenen Zeiten eine vergrößerte Zirbeldrüse hatten, die ihnen erlaubte, stärker mit dem sogenannten „Dritten Auge" wahrzunehmen – also nicht körperliche Energieverdichtungen zu „sehen".
Die Präsenz der Naturwesen ist sicher in einem hohen Maße von der natürlichen Vitalität einer Landschaft abhängig. So wie in einem geschwächten Körper oder Organ der Funktionsablauf weniger gut arbeitet, so arbeiten eben auch die Naturwesen in geschwächten Naturräumen weniger gut, ihre energetische Dichte wird schwächer, mit der Folge, dass wir sie auch weniger stark wahrnehmen können.
Von skandinavischen Ländern wird berichtet, dass die Menschen dort noch öfter wahrnehmbare Begegnungen mit Naturwesen haben. Viele Menschen dort bestätigen, entsprechende Erlebnisse gemacht zu haben. In Island soll es sogar eine Elfenbeauftragte geben, die sich im Auftrag des Bauamts um die Anliegen der Naturwesen kümmert. Es soll schon zu untragbaren Behinderungen von Baumaßnahmen gekommen sein, die Planungsänderungen notwendig machten.

Wenn Sie im Garten den Naturwesen eine starke Präsenz einräumen wollen, brauchen Sie Platz, denn die Naturwesen lieben ungestörte Gehölz- und Felsengruppen, am besten mit einem mächtigen Baum in der Mitte und Sträuchern wie Weißdorn, Wildrose, Hartriegel und Holunder. Sie sollten diesen Bereich als „Heiligen Hain" betrachten, ihn nur mit einem Gefühl des Erwünscht-Seins und aufmerksamer, freudiger Wahrnehmung der feinen Verflechtungen und Regungen der Natur an diesem Ort betreten.
Leider sind solche Orte in den meisten Gärten heute nicht mehr vorstellbar, wegen der Enge zum Nachbarn und des fehlenden Bewusstseins und der fehlenden Akzeptanz in der Gesellschaft. Leider verschwinden solche Plätze auch immer wieder in der Landschaft, da Flurbereinigung und die Ordnungsliebe einer voll motorisierten Landwirtschaft und Landschaftspflege diese Plätze als störende Hindernisse für einen maschinellen Arbeitseinsatz wahrnehmen.
Ich halte es für sinnvoll, im Land- und Siedlungsraum bewusst Flächen für Einzelbäume und Baumgruppen von bald beeindruckender Präsenz und Größe vorzusehen, die nicht für die Holzverwertung angepflanzt werden, sondern als Hochsitz dienen oder als Abenteuerspielplatz genutzt werden.

Der Weg zum Kraftgarten

Es gibt viele Wege zum Kraftgarten. In jedem Fall ist es ein Weg des Fühlens – unser Gefühl sagt uns am sichersten, was gut für uns ist und was nicht. Im Folgenden ergründen wir die tieferen Schichten des Ortes und seiner Resonanzen zu unserer Persönlichkeit, um daraus eine Gestaltung zu entwickeln, die möglichst gut zu uns und unserem Garten passt.

Einen Park im eigenen Garten zu verwirklichen, kann durch geschickte Pflanzenwahl, angedeutete Räume und die Verwendung von Stilmitteln auch in kleineren Gärten erreicht werden.

Vielfältige Bedürfnisse und Wünsche in einem kleinen Raum unterzubringen, kann fürchterlich aussehen oder aber wie hier zu einem sehr spannenden Ensemble führen.

Planungsprozess als Wunschverwirklichung

Das Wichtigste und gleichsam Schwierigste an der Planung ist es, aus dem Verhältnis von gegebenem Bestand und den eigenen Wünschen herauszuarbeiten, was wirklich umgesetzt werden kann. Am besten ist es, Sie betrachten Ihre Wünsche erst einmal unabhängig von Ihrer Einschätzung über die gegebenen Möglichkeiten. Dadurch erhalten Sie Klarheit und treten bereits in einen Prozess ein, in dem Sie selber ins Abwägen für oder wider einen bestimmten Wunsch kommen.

Wünsche und Bedürfnisse

Indem Sie in Ihre Wünsche hineinspüren, werden Ihnen Ihre Bedürfnisse offensichtlicher. Versuchen Sie dabei noch nicht zu stark in die formale Umsetzung zu gehen, sondern bleiben sie in dem Gefühl, das sie erleben möchten. Beispiele:

- Ich wünsche mir, an schönen Tagen einen Kaffee draußen, in der Sonne trinken zu können – auf einer Bank an der Hauswand oder auf breiten Sitzstufen aus Holzbohlen, die auch als Treppe zum Garten dienen.
- Ich möchte gerne frische Kräuter direkt aus meinem Garten ernten können, z. B. in Form von Blumentöpfen mit Kräutern oder eines Hochbeetes extra für Küchenkräuter und einer Natursteinmauer mit mediterranen Kräutern.
- Ich wünsche mir einen Platz, auf dem ich mit Familie und Freunden an einer langen Tafel sitzen, essen, feiern und genießen kann, ein ebenes Rasenstück als Stellmöglichkeit für Tisch und Stühle oder einen eingesenkten Wohnterrassenbereich mit Küchen- und Grillzeile sowie einem offenen Kamin, angrenzend an einen Schwimmteich.
- Ich brauche ein romantisches Eck, in dem ich mich manchmal so richtig verkriechen kann, umgeben von wildromantischer Natur, fernab des Alltags. Schön wäre ein Liegeplatz unter einem Baum oder in einer verwachsenen Nische im Garten oder ein einfaches Baumhaus in einem dichten wilden Buschwerk, das nur über einen Holzsteg erreichbar ist.
- Ich liebe das Geräusch sanft gluckernden Wassers und das lebendige Treiben, das durch Insekten, Vögel und Wassertiere stattfindet. Ein Kleinteich mit Wasserspiel in einem beliebigen Wasserbehältnis oder eine große Teichfläche, direkt an einer Holzterrasse würde mir gefallen.
- Ich möchte mich frei und unbedarft in meinem Garten bewegen können. Ein geschicktes Arrangement aus Hecken, Pflanzungen, Sichtschutzelementen und eingesenkten Plätzen sollen jeden tiefen Einblick von außen verhindern und dennoch Offenheit vermitteln.

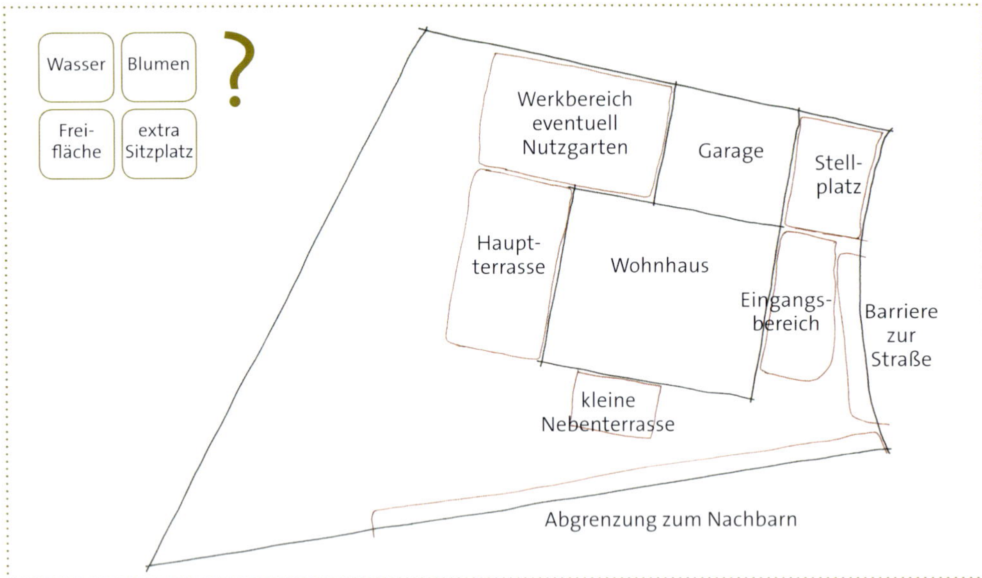

Bedarfsanalyse: Ein Grundstücksplan im Format 1:100 zeigt uns, wie viel Platz wir haben. Hier tragen wir ein, in welchem Bereich wir uns welches Gestaltungselement vorstellen.

Umsetzung der Wünsche in den vorhandenen Platz

Setzen Sie hinter Ihre Wünsche die einfachsten Möglichkeiten, wie diese zu realisieren wären und wie diese Wünsche für Sie am schönsten und stimmigsten umzusetzen wären. Es kann auch hilfreich sein, diese beiden Schritte in umgekehrter Reihenfolge oder durcheinander auszuführen.

Im nächsten Schritt nähern Sie sich noch mehr an die Wirklichkeit an, indem Sie in einer Aufsicht Ihres Grundstücks all diese Details unterzubringen versuchen. Hierzu ist es hilfreich, die einzelnen Teile in der gewünschten Größe aufzuzeichnen und auszuschneiden, sodass Sie mit einer veränderbaren Collage arbeiten können.

Dafür ist es hilfreich, sich einen Grundstücksplan im Verhältnis 1:100 – 1 cm auf dem Plan entspricht 1 m in der Wirklichkeit – zu erstellen, in dem Gebäude, unveränderliche Bauten, Bäume eingezeichnet und die Geländehöhen grob skizziert werden. Machen Sie mehrere Kopien davon.

Jetzt können Sie sehr schnell erkennen, was überhaupt Platz hat. Sie können dann Einzelteile weglassen oder, wenn noch veränderbar, in einer kleineren Version hinzufügen. Haben Sie mehrere gute Kombinationen, so sollten Sie diese dokumentieren, z. B. durch ein Foto.

Den Platz harmonisch arrangieren

Wenn sie eine oder verschiedene Möglichkeiten als gut herausgearbeitet haben, prüfen Sie im folgenden Schritt, ob es sich wirklich gut anfühlen würde, wenn die Einzelteile so zueinander stehen würden, oder was noch an verbindenden bzw. abgrenzenden Elementen fehlen könnte, beispielsweise Wege, Treppen, Mauern, Sichtschutz sowie Schatten und Sonneneinstrahlung.

Zeichnen Sie Ihre Ideen hierzu in eine Kopie Ihres Planes und verschieben Sie die Einzelteile entsprechend der Notwendigkeit. Bedenken Sie auch das lokale Nachbarschaftsrecht bei der Planung von Sichtschutzhecken, Baumpflanzungen und festen Bauteilen.

Die bauliche Umsetzung

Als letzten Schritt machen Sie sich Gedanken, wie aufwendig eine solche Umsetzung ist? Können Sie diese selber ausführen oder sollte eine Firma beauftragt werden? Welche Materialien kommen infrage? Welche Erdarbeiten, Fundamentierungen etc. sind notwendig? Wie muss die Umsetzung erfolgen, damit der eine Gestaltungsabschnitt nicht die Arbeiten an einem anderen erschwert oder unmöglich

Die Definition von „Gestaltungsräumen" erlaubt eine Umsetzung unterschiedlicher Ideen.

macht? Hierzu benötigen Sie in jedem Fall Zeit, um sich selber über wichtige Details klar zu werden und Sie sollten bei größeren Veränderungen und Maßnahmen professionelle Beratung und Hilfe in Anspruch nehmen. Entweder ist Ihnen jemand bekannt, dessen Arbeit Sie bereits anderswo gesehen haben und dem Sie Ihr Vertrauen geben wollen, oder Sie fragen verschiedene Menschen, die in diesem Bereich Erfahrung haben, und wägen selber ab, welche Informationen für Sie wichtig und relevant sind.

Was kann man tun, wenn keine Ideen kommen?

Immer wieder gibt es Situationen, in denen es trotz intensiver Überlegung und verschiedener Planungsansätze zu keiner wirklich stimmigen Idee kommen mag. In diesen Fällen sind dann die Erfahrungen und das Wissen aus der Geomantie hilfreich und notwendig. Orte, an denen starke energetische Störungen im Bewusstseinsfeld der Erde vorhanden sind, sind durch eine intuitive, gefühlsbetonte Planung nicht erreichbar. Ein klassischer Planer würde hier ganz pragmatisch vorgehen und die Veränderung radikal über das Vorhandene legen. Im Bereich der subjektiven Empfindung würde dadurch allerdings nichts verändert werden. Diese Orte wirken dann steril und unnahbar und sind leider vielfach die Realität neuer kommunaler Grünanlagen und rein am Stil orientierter Gartenplanung. Für den Laien sind diese Phänomene schwer zu lösen, zumal wir als Grundstücksbesitzer immer einen biografischen Bezug zu der Problematik haben. Dies kann aber auch eine Chance sein, unsere eigene Biografie zu entwickeln und uns zusammen mit dem Ort zu heilen, das heißt in einen individuellen Normzustand zurückzubringen.

Folgende Themen sind relativ häufig:

- Missachtung der eigenen naturspirituellen Kräfte und Flucht in vernunftbetonte Weltsichten
- Tendenzen zur Selbstzerstörung statt dem Wagnis, die eigene Natur zu leben
- Missachtung der eigenen Weiblichkeit oder der eigenen Männlichkeit durch das Ausweichen in Autoritäts- und Gesellschaftskonflikte
- Missachtung des Lebensleides und der Lebensleistung der eigenen Ahnen durch Flucht in kurzweilige Vergnügungen
- Missachtung innerer Konflikte zu der bestehenden oder einer ungelösten, vergangenen Lebenssituation durch Flucht in romantisch überladene Ausstaffierungen des Umfeldes

Es wäre ein Fehler, nun zu sagen, der oder die haben wahrscheinlich dieses oder jenes Problem. Tatsache ist, dass jeder von uns ein eigenes Thema zu den obigen Situationen hat. Nur die wenigsten haben die eine oder andere Ebene gut entwickelt, zumal sich die Aufgaben in gegenteilige Richtungen stellen. Es geht also immer um einen guten Ausgleich zwischen männlich und weiblich, Gruppe und Individuum, Tradition und Weiterentwicklung. Hat jemand in einer Richtung eine besonders starke Blockade, können wir davon ausgehen, dass er oder sie in diesem Zusammenhang auch ein besonderes Potenzial hat, welches in seinem aktuellen Umfeld und seiner Lebenssituation nicht realisierbar erscheint.

Die inspirierende Wirkung der lebendigen Natur kann ein Teil sein, der zu einer guten Gartengestaltung beiträgt. Für eine tragende Veränderung müssen wir uns aber auch mit der Raumqualität als solches beschäftigen.

Wege der Inspiration

Die Inspiration – wörtlich „ein Geist kommt hinein" – ist etwas, was man nicht erzwingen kann. Entweder sie kommt oder eben nicht. Manchmal ringt man verzweifelt um sie, doch erst, wenn man das Ringen lässt und vielleicht schon ganz aufgegeben hat, kommt sie plötzlich und unerwartet zu einem, als wäre es das Natürlichste der Welt.
Man kann sich aber der Inspiration nähern, sie fördern und entstehen lassen, indem man seine Wahrnehmung und Achtsamkeit schult und in der Wahrnehmung viele kleine Erkenntnisse gewinnt – kleine Inspirationen sozusagen –, die sich einem ganz wie von selbst als logisches Gesamtgefüge offenbaren wollen.

Verbinden und Wahrnehmen

Um die Situation eines anderen gut zu verstehen, ist es notwendig, sich in die Lage des anderen hineinzuversetzen. Die deutsche Sprache hält hierfür das Wort „Mitgefühl" bereit. Mit Gefühl *das* zu erfahren, was der andere erlebt, ist nicht nur auf der menschlichen Ebene möglich. Durch eine innere Verbindung zu anderen „Persönlichkeiten", wie einem Baum, einem Hügel oder einem Haus, ist es uns möglich, aus deren Perspektive ihre Sicht auf die Wirklichkeit zu bekommen.

Intuitives Zeichnen – finden was wirkt

Diese Übung erfordert eine gewisse Lockerheit bezüglich der eigenen Ausdrucksfähigkeit, da es nicht darum geht, einen bestimmten ideellen Anspruch umzusetzen, sondern möglichst frei und unverkrampft eine Empfindung in Bewegung umzuwandeln.
Legen Sie sich den Grundstücksplan vor sich auf den Tisch, nehmen Sie einen Bleistift oder Kugelschreiber zur Hand. Stellen Sie sich in Ihrer Vorstellung auf das Haus und gehen Sie in die Wahrnehmung von „Ich bin das Haus" (siehe S. 38). Durch das Spüren in Ihre Umgebung hinein können Sie jetzt feststellen, wie das Haus sich an diesem Platz, in dieser Umgebung fühlt. Die Qualität und Intensität Ihrer Wahrnehmung setzen Sie jetzt in Bewegung um, die der Stift auf dem Grundstücksplan festhält.
Seien Sie nicht kontrolliert, drücken Sie ruhig fester auf und kritzeln Sie so lange, bis Sie das Gefühl haben, die Intensität Ihres Striches und die Intensität der Wahrnehmung sind im Ausgleich. Überlegen Sie nichts! Deuten Sie nichts! Bleiben Sie in der Wahrnehmung, bis Sie Ihr Grundstück vollständig erforscht und als Energiezeichnung dokumentiert haben. Jetzt dürfen Sie sich wundern!

Mithilfe dieser Übung ist es möglich, viel über die Raumqualität innerhalb und außerhalb eines Gebäudes zu erfahren.

Übung „Ich bin das Haus“

Legen Sie vor sich einen Grundstücksplan und richten diesen so aus, dass die Haustür in Blickrichtung vor Ihnen liegt. Gehen Sie eine Minute in die Stille, lenken Sie Ihre Aufmerksamkeit auf Ihren Atemrhythmus und beginnen Sie danach mit dem Satz „Ich bin das Haus“. Versuchen Sie hineinzuspüren, in den „Körper“ des Hauses, erfüllen Sie ihn mit Ihrem Körper.

Schauen Sie jetzt mit Ihrer inneren Vorstellung nach vorne, spüren Sie in die Erde unter sich und danach reihum um sich herum. Stellen Sie sich folgende Fragen und notieren Sie sich die Antworten hierzu im Grundstücksplan an der entsprechenden Stelle „Was sehe oder spüre ich? Wie fühlt es sich an?“ Und als kreativer Lösungsansatz: „Wie möchte ich, dass es sich anfühlt?“

Wenn Sie hierbei positive, für Sie angenehme Impulse erhalten, folgen Sie diesen und versuchen die Informationen zu differenzieren. Beispielsweise „Welchen Ursprung hat dieser Impuls? Wie – mit welcher Bewegung, Form, Farbe, welchem Gestaltungselement – möchte er sich genau ausdrücken?“

Es können auch unangenehme oder unklare Gefühle entstehen. Stellen Sie sich innerlich Fragen, die Herkunft oder Qualität beschreiben. Ihr Körpergefühl wird Ihnen antworten, indem sich Unruhe und Spannung lösen und mehr Klarheit gegenüber der Wahrnehmung entsteht. Experimentieren Sie in Ihrer Vorstellung, wie sich diese Empfindung verändern lässt. Dies kann ein Hinweis darauf sein, mit welchen Mitteln Sie später gestalten müssen, um zu einer angenehmen Energiequalität im Garten zu kommen.

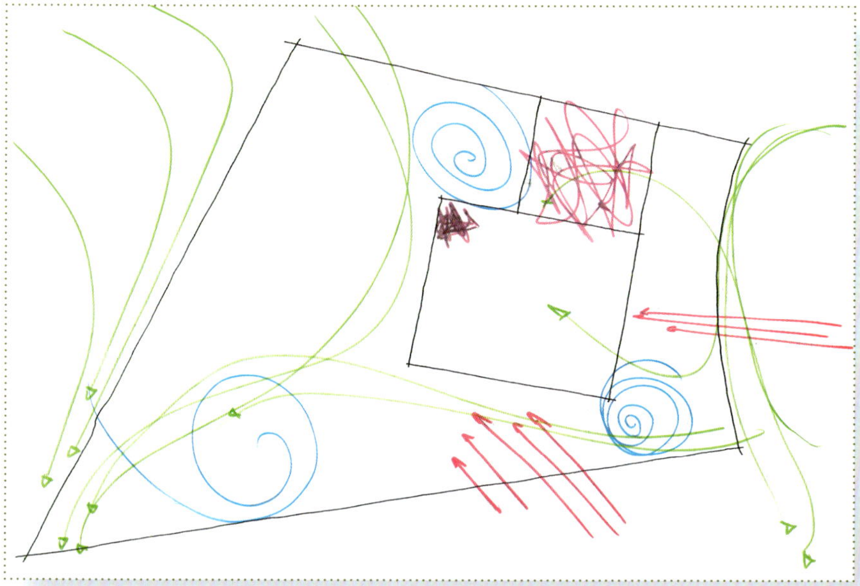

Auf dem Grundstücksplan sind die Wahrnehmungen zur Energiequalität der Umgebung intuitiv festgehalten. Störenergien wirken aggressiv oder chaotisch, angenehm empfundene Bereiche wirken sanfter oder inspirierend.

Was können Sie jetzt mit der intuitiven Zeichnung anfangen? Beginnen Sie die Formen zu deuten.

- Weiche, rundliche Linien deuten die Bewegung von vitaler Lebensenergie an. Interessant ist hierbei, wie schnell diese unser Grundstück wieder verlassen. Sie sollten sich idealerweise etwas verwirbeln und dann weiterfließen können. Dies kann ein wichtiges Detail für die Gartengestaltung sein.
- Spiralige Formen sind potenziell gute Plätze für Entspannungs- und Wohlfühlbereiche oder können als Ankerpunkte für ein energetisches Netzwerk dienen.
- Konzentrierte runde Formen sind wahrscheinlich energetische Kraftpunkte. Diese können als Plätze der Inspiration und Meditation genutzt oder als energetische Mittelpunkte gestalterisch eingebunden werden.
- Zickzack-Striche bedeuten in der Regel Störenergien, die für Unruhe und Anspannung sorgen. Je konzentrierter und heftiger diese sind, umso stärker ist die Dringlichkeit, diese bewusst anzugehen.
- Gerade, „schneidende" Linien deuten auf aggressive Störungen von außen hin. Gegen diese ist eine klare Abgrenzung vorzunehmen.

Einen Ausgleich finden durch Form und Struktur

Im nächsten Arbeitsschritt können Sie versuchen, die zuvor dokumentierten Energiedarstellungen umzuformen, abzulenken, zu sammeln und in eine stimmige, kraftvolle, kompakte Gesamtstruktur zu verwandeln. Kopieren sie Ihr Energiestrukturbild oder legen Sie ein Transparentpapier darüber. Gehen Sie wieder in die Wahrnehmung und zeichnen über die Energielinien der ersten Übung eine Form, die Sie als ausgleichend empfinden. Suchen Sie zeichnerisch nach einer Lösung, die Sie als stimmig und kraftvoll wahrnehmen. Arbeiten Sie alle Bereiche durch, machen Sie eine kurze Pause. Schauen Sie sich Ihre Zeichnung an und lassen Sie sich inspirieren! Mit welchem Gestaltungsmittel könnten Sie die ausgleichende Form oder Struktur darstellen? Sollte die Gestaltung auf dem Boden stattfinden oder in den Raum nach oben zeigen?

Runde Formen sammeln Energie an einem Punkt. Vielleicht können Störenergien dort verwandelt oder beruhigt werden, z. B. Buchskugel, Steinfindling, Stein- oder Metallscheibe, Kugellampe.

Lang gezogene, runde Formen, die in schlangenförmigen Kurven enden, nehmen Störströme auf und lassen Sie ausgleiten, ähnlich wie ein Aikido-Kämpfer die Schlagkraft des Gegners

Links: Lang gezogene Schwünge wirken gleichermaßen elegant und spielerisch. Sie können einen langen Weg weniger eintönig machen.

Rechts: Gerade Linien können wie Pfeile wirken, deren Macht im Feng Shui geradezu gefürchtet wird.

in eine neue Bewegung überführt und damit den Gegner zu Fall bringt, z. B. Form eines Weges oder Beetes, am besten geleitet und geführt durch höhere Säulen oder Sträucher.

Ellipsen und Schlaufen sorgen für eine dynamische Bewegung innerhalb ihres Formfeldes. Sie sind Ideal, um Vitalströme zu beruhigen und zu verwirbeln. Sie sind auch ein gutes Detail, um die kraftvollen Plätze des Grundstücks mit einer dynamischen Struktur zu verbinden (siehe S. 67).

Eckige Formen ordnen die Energie an guten Plätzen, damit sie nicht so flüchtig sind und wir sie besser nutzen können, z. B. Terrassenfläche, ummauerter Platz.

Lang gezogene, gerade Linien leiten die Aufmerksamkeit auf einen bestimmten Punkt. Ist dort ein energetischer Kraftpunkt im Garten, wird die Aufmerksamkeit auf diesen Punkt konzentriert. Lang gezogene Linien sorgen auch für eine klare Grenzziehung, um einzelne Bereiche voneinander zu trennen. Dies kann hilfreich sein, um mehr Spannung und Abwechslung in den Garten zu bringen, z. B. geschnittene Hecken, Einfassungszeilen, Rasenkanten, Zäune, Wege oder Mauern. Wollen wir hiermit Störzonen ausgrenzen, hilft es nur vordergründig. Die Störzonen bleiben bestehen und wirken jetzt wieder stärker auf unser Unterbewusstsein.

Weitere Informationen über die Wirkung und Verwendung von Formen erhalten Sie auch auf den Seiten 62 bis 71 (Ordnung und Struktur).

Ideen konkret werden lassen

Wenn Sie bis hierhin gekommen sind, können Sie sich in die Details vertiefen. Hierzu sollten Sie sich ein wenig mit den möglichen Alternativen vertraut machen. Gehen Sie zu einem Steinhändler, zu Gärtnereien oder schauen Sie in Parks, öffentlichen Anlagen oder in Gärten von Freunden, wie sich bestimmte Materialien anfühlen und welche Stimmung sie haben. Wie wirken Pflanzen in welcher Nachbarschaft mit anderen Pflanzen, an verschiedenen Standorten und in welchem Umfeld?

Gehen Sie auch hier wieder ins Spüren. Wie tritt dieses Material mir entgegen, wie wirkt es auf mich? Wenn Sie noch gut in der Wahrnehmung als Haus sind, können Sie dies direkt vor Ort prüfen. So haben Sie zu Ihrer persönlichen Wahrnehmung noch die Beziehung zu dem Platz, an dem Sie das Material verbauen wollen.

Dieser kreative Akt ist gleichfalls der Moment, in dem Sie Meister Ihres eigenen Raumes werden und sich selbst ermächtigen, einen Ort der Kraft für sich zu erschaffen! Mit der Wahrnehmung dessen, was ist, sind Sie sofort in Aktion getreten und haben es verwandelt in das, was sein könnte. Das ist Kreativität in reinster Form. Sie haben den ersten und wichtigsten Schritt zum Kraftgarten vollbracht, denn Sie haben Unsicherheit und Unwohlsein in Kraft und Ausdruck verwandelt.

Unterbewusste Störfelder

Über unser Unterbewusstsein erreichen uns mannigfaltige Informationen, die unser Leben und unser Bewusstsein in großen Teilen stark beeinflussen. Wenn Sie glauben, Sie sind ein unabhängiger, selbstbestimmter Mensch, so muss ich Sie leider auf den Boden der Tatsachen zurückholen. Unser Leben, unser Denken, Antipathie und Sympathie usw. werden gegängelt und reguliert durch die vielfältigsten Einflüsse von außen, die auf unser Unterbewusstsein einwirken. Am einfachsten ist dies vielleicht mit Werbung und immer wiederholten Behauptungen und Nachrichten aus unseren Massenmedien zu verstehen, die langsam, aber sicher zu Meinungsbildern, Trends und gesellschaftlichen Normen führen. Wir können ihnen vielleicht eine Weile widerstehen, jedoch holen sie uns über den Umweg der sozialen Wahrnehmung unserer Person unumgänglich ein und beeinflussen unser Leben. Ein Mensch, der heute in der Mode von vor 20, 50 oder 200 Jahren herumlaufen würde, ist ein Freak – und sein Leben wäre leider in erster Linie davon beeinflusst, dass alle um ihn herum dies so wahrnehmen.

So wie jeder einen persönlichen Bezug und eine Affinität zu den unterbewussten Strömungen in der Gesellschaft hat, so ist es leicht nachzuvollziehen, wie jeder von uns eine ihm eigene Sensibilität und Resonanz zu stehenden oder pulsenden Informationsfeldern und -strahlen aus den geologischen Schichten der Erde oder von technischen, elektromagnetischen Einrichtungen unserer Zivilisation entwickelt. Erdstrahlen, Verwerfungen und Funkstrahlen sind wichtige

Formen, Materialien und Farben haben einen starken Einfluss auf die Raumqualität. Auf diesem Platz löst sich jede Art von Anspannung und Aggression schnell in Wohlgefallen auf.

Ein sogenanntes „Mondtor" grenzt die eine „Welt" von der anderen ab und schafft dadurch Abgrenzung und Bewusstsein zu dem „verborgenen Anderen".

Diese Stufen definieren gleichsam Felder, in denen uns die „unsichtbaren Information" in Form von Steinpersönlichkeiten begegnen.

Quellen, die auf Wasseradern gebaut werden, bringen das „diffuse Wasser" auf die Ebene des Bewusstseins.

Untersuchungsgebiete der Geomantie. Von der Wissenschaft als unwissenschaftlich abgelehnt, haben diese Phänomene im gesellschaftlichen Bewusstsein als Randerscheinung dennoch ihren berechtigten Platz eingenommen. Andererseits bin ich kein Verfechter dämonisierender Unheilbeschwörungen, die in Verbindung mit geologischen Feldern stehen. Tatsache ist, dass unser Unterbewusstsein auf die Dauerbestrahlung mit diesen Energien reagiert, was zu körperlichen oder seelischen Spannungen oder Veränderungen führen kann. Es ist aber auch wichtig, zu erkennen, dass das Leben ein Weg der Erfahrung ist, sich durch die Entwicklung unseres Bewusstseins von lebensbedrohlichen und lebensfeindlichen Situationen zu emanzipieren und in unserer Persönlichkeit zu wachsen.
Es kann also nicht heißen, wie mache ich diesen Einfluss weg, sondern wie mache ich mir diesen Einfluss bewusst, ohne dass ich ängstlich in ein Ungewisses hineinspüre.
Folgende Möglichkeiten möchte ich Ihnen als Hilfe anbieten, ein konstruktives Bewusstsein zu sogenannten Störfeldern aufzubauen:

Wasseradern, unterirdische Wasserläufe, gehen in Resonanz mit unseren Gefühlen, die nicht an der Oberfläche sind, die wir bewusst verstecken oder vor denen wir uns bewusst verschlossen haben. Werden starke, heftige Gefühle über längere Zeit ignoriert, können Sie sich später als Krankheit zeigen. Spricht man von der Gefahr von Krebserkrankungen auf Wasseradern, so sind es nicht diese selbst, die die Krankheit verursachen, sondern dasjenige in uns, was die Wasserader verstärkt zum Schwingen bringt.
Gestaltung: Die Installation eines Sprudelquells holt das Wasser und die positive Kraft, die es haben kann, in unser Bewusstsein. Achten Sie auf die Qualität des Wassers und handeln Sie, sobald diese sich verschlechtert.

Verwerfungen, bei denen sich große geologische Brüche gegeneinander reiben, gehen in Resonanz mit „Brüchen" in uns selber. Oftmals handelt es sich dabei um ein starres Festhalten an geliebten Überzeugungen, die nicht mehr lebensfähig sind, die uns einerseits nähren, andererseits behindern. Es verstärkt ein Nicht-Nachgeben-Wollen in Konflikten, da dies mächtige Gegenpole in uns sind, zu gewaltigen Spannungen in uns führen und über diesen Weg ebenfalls Krankheiten fördern.
Gestaltung: Die Darstellung von spannungsgeladenen Situationen sowie der mächtigen Form- und Wandlungskräfte der Erde können uns die inneren Spannungen bewusst halten und uns zu einer Lösung inspirieren. Infrage kommen dramatisch gegeneinander aufsteigende Felsplatten, ähnlich geologischen Gesteinsgeschieben, figürliche Darstellungen von der zerstörenden und verwandelnden Kraft der Erde, z. B aus der griechischen Mythologie oder Furcht einflößende Fabelwesen.

Technische Funkstrahlen sind eine Herausforderung unserer Zeit, deren gesundheitliche Gefahr nicht kleingeredet werden darf. Dennoch drängen Sie uns dazu, neuen Entwicklungen mit größerer Flexibilität zu begegnen, wachsam zu sein und mehr und mehr die Verantwortung für unser Leben ganz selber zu übernehmen.
Gestaltung: Moderne Skulpturen, Bilder von Auferstehung, die Metamorphose des Schmetterlings darstellend, Verwandlungsenergie in der Form eines gewundenen Schlangenkörpers, Spiralhelix-Skulptur.

Skurrile Figuren können uns auf Störfelder aufmerksam machen – allerdings haben sie nicht die Fähigkeit zur Harmonisierung der Raumenergie.

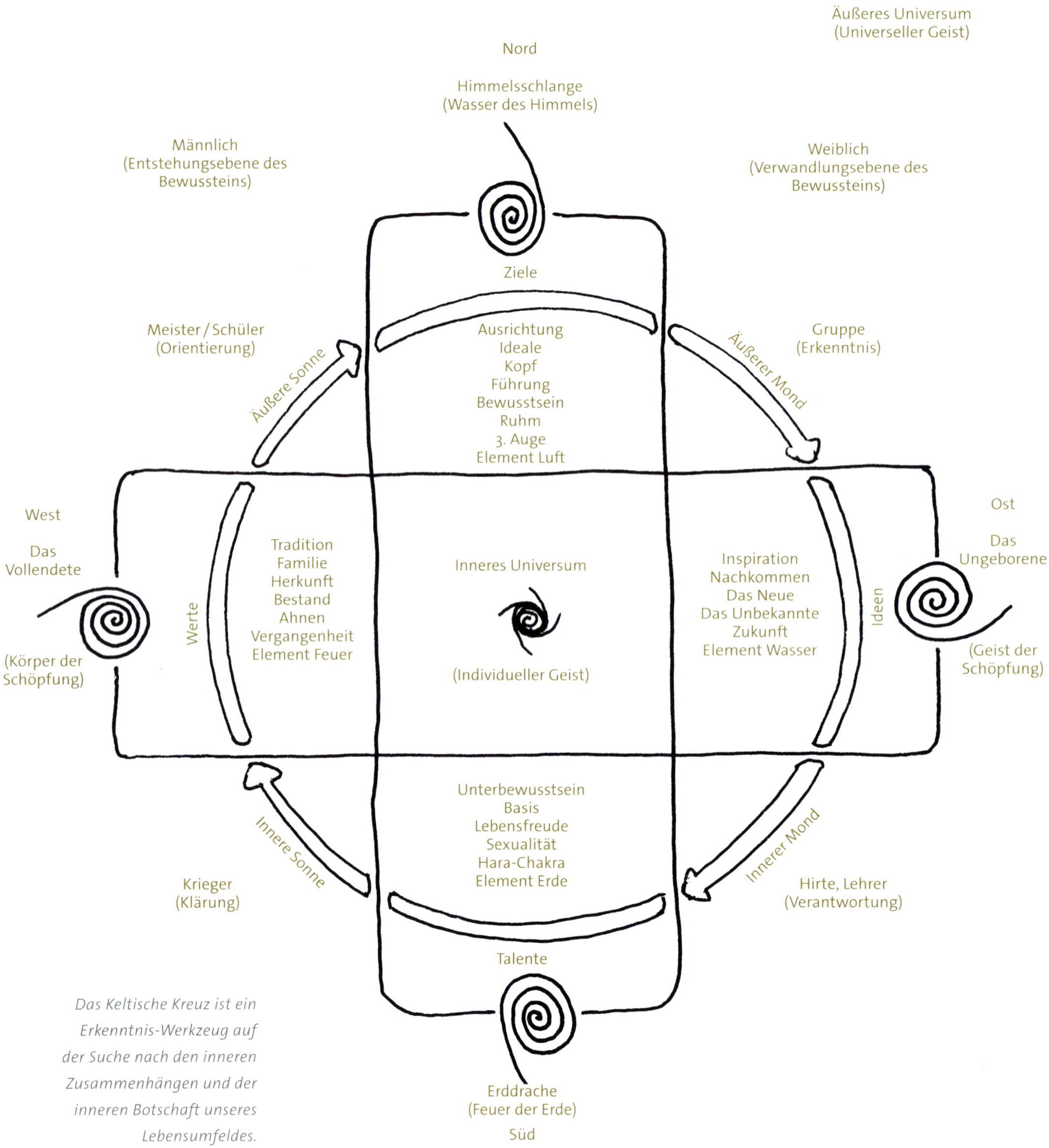

Das Keltische Kreuz ist ein Erkenntnis-Werkzeug auf der Suche nach den inneren Zusammenhängen und der inneren Botschaft unseres Lebensumfeldes.

Die Deutung der Grundstücksform

Die Form eines Grundstücks kann in der Geomantie zur Herleitung von bestimmten Energieresonanzen gedeutet werden, ähnlich wie es schon aus dem Feng Shui unter dem Namen Bagua bekannt ist. Außerdem wird der Raum in Teilbereiche unterteilt, die den unterschiedlichen Lebenserfahrungen entsprechen.
Wie bereits erwähnt spiegelt unser Garten, unser Grundstück, unser Verhältnis zur sozialen Umwelt wider. Wenn wir jetzt die Grundstücksform betrachten und eine Einordnung vornehmen wollen, so muss uns klar sein, dass eine Bewertung jeweils unsere Fähigkeit oder unser Bedürfnis beschreibt, in einer bestimmten Weise im Außen zu agieren.
Das gleiche System, ob Bagua oder Keltisches Kreuz kann natürlich auch auf das Haus oder einen Raum angewandt werden. Mit dem Unterschied, dass die Einordnung beim Haus das Innere unserer Persönlichkeit betrifft und bei einem Raum die Kräftewirksamkeit sich in dem Lebensbereich entfaltet, der dem Raum, in seiner Lage im Haus bzw. seiner Funktion zugeordnet wird.

Zum Verständnis und zur praktischen Anwendung des Keltischen Kreuzes gibt es folgende wichtige Grundsätze:

- Dieses System funktioniert deswegen immer gut, weil wir Menschen uns offenbar unterbewusst mit jeder – ich will es mal „Wesensform oder Funktionsgefüge“ nennen, dem wir begegnen – verbinden. Wir stellen uns also vor, wir seien ES. Indem wir dies unterbewusst und automatisch tun, können wir blitzschnell wahrnehmen, ob ES mit uns in einer guten Resonanz steht oder nicht. Hierdurch entsteht unsere spontane Sympathie oder Antipathie diesem anderen gegenüber. Sind wir öfter in dem gleichen ES, nähern sich unsere vielschichtigen Persönlichkeiten und Eigenarten einander an.
- Wenn wir das Keltische Kreuz über einen Grundriss legen und verstehen wollen, dürfen wir es nicht anschauen wie ein Gegenüber, sondern wir müssen uns in unserer Vorstellung quasi auf den Grundriss legen und dann in die verschiedenen Ecken spüren bzw. dann nachlesen, welche Deutung ihnen zugeteilt wird.
- Betrachten wir das Grundstück, so kann das Keltische Kreuz so gelegt werden, wie das Haus es wahrnimmt, also entsprechend der Hauseingangstür, mit dem Erddrachen-/Basisfeld nach vorn, und dem Himmelsschlange-/Kopffeld im Rücken. Hierdurch können wir ein

Verständnis darüber erhalten, wie unser Selbst sich innerhalb des persönlichen Umfeldes fühlt und welche Lernaufgaben zu erwarten sind. Diese Deutung ist eher für Frauen interessant und aufschlussreich.

- Eine weitere Möglichkeit der Wahrnehmung ist es, das Kreuz mit der Ausrichtung entsprechend der Himmelsrichtung vorzunehmen. Diese Position erlaubt die Deutung, welche persönlichen Themen unser Handeln im Außen beeinflussen. Die Lage des Hauses im Keltischen Kreuz zeigt, aus welchem Bewusstsein heraus wir im Außen agieren und welche Position wir in der Gesellschaft einnehmen. Diese Wahrnehmung ist eher für Männer von Bedeutung.

Der Aufbau des Keltischen Kreuzes

Das Kreuz symbolisiert sowohl die vier Himmelsrichtungen als auch Himmel, Erde, Vergangenheit und Zukunft, also jeweils eine Raum- und eine Zeitachse. Wir können diese Felder auch als äußere Konstanten bezeichnen, da sie unseren Aktionsrahmen in unserer menschlichen Lebenswirklichkeit beschreiben. Dieser Rahmen oder Raum ist sowohl Grenze und Einschränkung als auch Potenzial.

Oftmals fühlen wir unsere Lebenswirklichkeit als beengend und zu stark eingegrenzt. Umfassend betrachtet ist es aber oft so, dass wir die gegebenen Möglichkeiten noch gar nicht erkannt und zur Fülle genutzt haben. Warum sollte uns dann

„Zeige nicht jedem Geomanten Deinen Garten!" Jedes Detail auf einem Grundstück gibt im Gesetz der Resonanz eine Information über die soziale Realität des Gartenbesitzers.

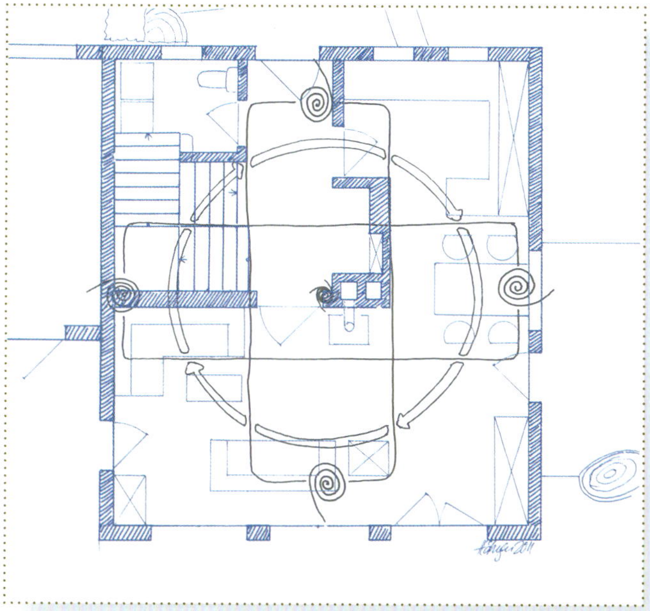

Der Gebäudegrundriss dient zur Erkenntnis der „inneren Wirklichkeit" der Bewohner.

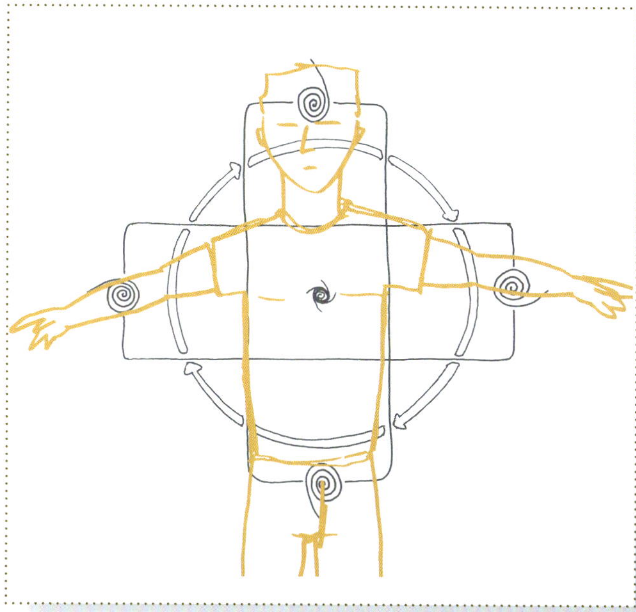

Das Keltische Kreuz ist eine Kosmologie des menschlichen Unterbewusstseins.

noch mehr Raum gegeben werden, wenn wir nicht imstande sind, den vorhandenen angemessen auszufüllen?

Der innere Kreis, der die Achsen des Kreuzes durchschneidet wird als innerer Weg der Entwicklung bezeichnet. Er beschreibt die innere Dynamik unseres Lebensweges. Einmal durchschritten, beginnt er erneut auf einer parallelen Ebene und stellt sich dann wie eine Spirale dar. Daher ist die Spirale auch ein Symbol für den Lebensweg des Menschen.

Die Felder der waagerechten Achse des Kreuzes beschreiben unser Potenzial, das sich aus den äußeren Zeitkonstanten unserer Existenz ergibt. Zum einen unsere eigene Vergangenheit, dem familiären Erbe unserer Vorfahren und dem politischen, wirtschaftlichen und sozialen Erbe der Gesellschaft, in der wir leben (Das Vollendete). Zum anderen das Potenzial unserer durch unser Bewusstsein mitgestalteten und durch unsere vorangegangenen Handlungen initiierten Zukunft sowie die allgemeine Entwicklung der Gesellschaft (Das Ungeborene).

Die Felder der senkrechten Achse beschreiben unser Potenzial, das sich aus den äußeren Raumkonstanten ergibt. Hiermit ist zum einen unser Körper gemeint, mit den darin enthaltenen geistigen, emotionalen und vitalen Anlagen, also unseren Talenten, unserer Lebensfähigkeit, unseren Erbanlagen (Erddrache). Zum anderen ist der universelle Raum gemeint, das Potenzial, welches sich aus der besonderen Konstellation unserer unmittelbaren Umgebung ebenso ergibt wie aus der Konstellation der Planeten, Sterne und Himmelsbilder zueinander, die uns innerhalb unseres Lebens immer wieder veränderte Möglichkeiten der Entwicklung anbieten (Himmelsschlange).

Die diagonal gelegenen Felder beschreiben die Eckpunkte, an denen unsere innere Entwicklung sich in der Beziehung zur sozialen Umgebung zeigt. Die eine Achse beschreibt das Spannungsfeld zwischen dem eigenen, inneren Weg (innere Sonne) und dem gemeinschaftlichen Handeln innerhalb der Gemeinschaft (Äußerer Mond). Die andere Achse beschreibt das Spannungsfeld zwischen dem Sich-Unterordnen einer äußeren Autorität, einem Lehrer (äußere Sonne) und dem eigenverantwortlichen, erkennenden und mitfühlenden Handeln (Innerer Mond).

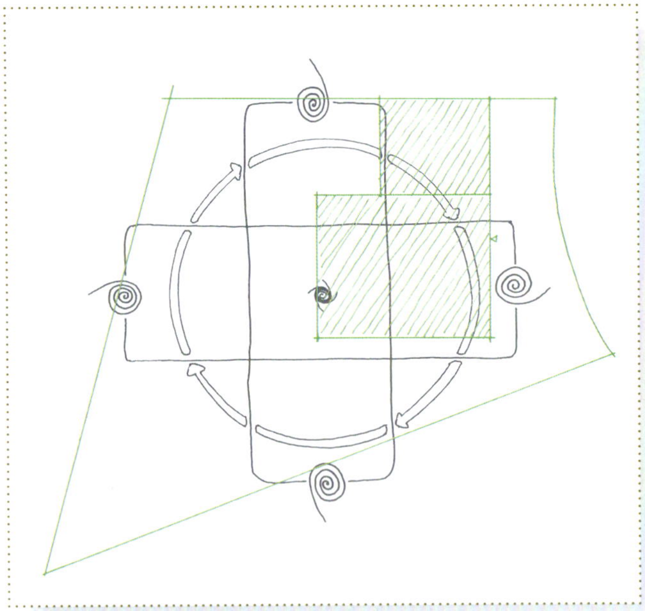

In Bezug zum Grundstück wird das Kreuz einmal entsprechend wie auf den Hausgrundriss aufgelegt und ergibt Informationen über eine weibliche Interaktion mit der Außenwelt. Zum anderen wird es entsprechend den Himmelsrichtungen aufgelegt und beschreibt dann die männliche Interaktion.

Die praktische Arbeit mit dem Keltischen Kreuz

Die meisten Leser werden sich fragen, was Sie mit den neu gewonnenen Informationen anfangen sollen, wie diese zu bewerten sind und welche Handlungen daraus folgen sollten? Eine gute Frage und gleichzeitig schwer zu beantworten. Ich rate dazu, diese Erkenntnisse nicht überzubewerten und sich „verrückt" machen zu lassen, was jetzt nicht alles stimmt am Grundstück usw. Grundsätzlich ist im Außen alles gut und richtig so wie es ist!

Unsere inneren Gesetze sind die maßgeblichen Gestalter des Äußeren. Verändern wir unsere innere Wirklichkeit, ist die Veränderung der äußeren Wirklichkeit nur noch eine Frage der Zeit. Ich kann Ihnen versichern, Sie können keinen Teil Ihres göttlichen, individuellen Lebensweges umschiffen, die Schicksalsmächte dauerhaft blenden oder betrügen – das Keltische Kreuz ist lediglich ein Erkenntniswerkzeug, mit dem Sie mehr Klarheit über die Zusammenhänge Ihres Lebens erhalten können.

Es geht darum, zu verstehen, welche Bereiche in Ihrem Leben einmal tiefgründig, genau, ehrlich und unvoreingenommen betrachtet, neu bewertet und gegebenenfalls neu ausgerichtet und verändert werden sollten. Sind Sie dafür nicht bereit, verschließen Sie sich dieser Möglichkeit und haben Sie kein Vertrauen oder keinen Glauben in die Möglichkeit einer anderen, besseren Realität, dann bringt Ihnen eine äußere, energetisch förderliche Gestaltung nichts! Sind Sie aber bereit, die schwierigen Bereiche im Äußeren als Spiegel Ihrer inneren Schwierigkeiten zu akzeptieren oder zumindest in Betracht zu ziehen und entschließen Sie sich, diese genauer anzuschauen und weiterzugehen, bis eine Erkenntnis und ein verändertes Bewusstsein zu diesen Punkten entstanden sind, dann können Sie sich mit der äußeren Gestaltung eine gute Unterstützung geben.

„Schwierige" Plätze

Relativ häufig findet man Bereiche in einem Garten, die nie fertig werden, an denen keine Gestaltung gelingt oder Plätze, die nie genutzt werden und immer wieder verwahrlosen. Diese Orte stehen meist in Resonanz zu den persönlichen Entwicklungssituationen der Bewohner und werden überdies noch durch örtliche Phänomene, wie Störzonen, Wasseradern, emotionale Speicherungen, alte Gebäudereste, vergrabener Müll, überschütteter Mutterboden o. Ä. verstärkt. Prüfen und verändern Sie die persönlichen Resonanzen, dann werden sich auch gute Lösungen für die örtlichen Phänomene ergeben und eine neue Gestaltung wird zu einer Einbindung dieses Platzes in die Gesamtheit des Grundstücks führen können. Bei starken örtlichen energetischen Blockaden kann es hilfreich sein, sich Hilfe von außen zu holen. Am effektivsten ist hier eine Entstörung durch „geistige Alchemie" (siehe S. 187).

Ausdrucksvolle Gestaltungselemente wie in Form geschnittene Gehölze (oben) oder Steinfindlinge (unten) dienen oft dazu, dem Garten einen starken Impuls in eine Richtung zu geben, was auch zum Ausgleich für energieschwache Bereiche genutzt werden kann.

Spitzwinklige Ecken

Spitzwinklige Ecken deuten auf Konflikte und Schwierigkeiten mit der Außenwelt hin, die je nach Winkelgrad, viel Energie und Aufmerksamkeit in Anspruch nehmen. Diese Konflikte entstehen zum einen aus einer gewissen Überheblichkeit, Hochmut und fehlender Achtung und Würdigung der mit diesem Energiefeld verbundenen Menschen oder Werten gegenüber. Manchmal ist es jedoch auch die Angst davor, zu sich selber, seinen Eigenheiten und persönlichen Lebensentwürfen zu stehen. Andererseits zeigt es ein problematisches Verhältnis zu den eigenen äußeren Konstanten an, die dem Winkel schräg gegenüberliegen. Gestaltungsvorschlag: Es kann hilfreich sein, einen persönlichen Entwicklungsprozess mit einer Gestaltung zu unterstützen, die sammelnde und verbindende Elemente kombiniert, beispielsweise einem kreisförmigen Platz, der in ein gestalterisches Netzwerk eingebunden wird (siehe S. 53 / 54).

Eckige Zusätze

Während spitzige Winkel uns einen Hinweis auf eine Art Konfliktsituation in Bezug auf einen Lebensbereich geben, zeigt uns ein eckiger Zusatz auf einem Grundstück einen Lernbereich an, sich in besonderer Weise in der Außenwelt zu zeigen. Dieser Lebensbereich ist den Bewohnern oft vom Wesen her unbekannt und doch als tiefer Wunsch oder Bedürfnis schon lange vorhanden. Hier geht es darum, diesem Bereich mehr Beachtung zu schenken und ihn in sein Leben zu integrieren. Dies erfordert oft Mut und Vertrauen in die irgendwie sich erfüllende Richtigkeit dieses neuen Weges.

Gestaltungsvorschlag: Vernetzung mit fließenden Linien oder einem Kreis auf der Übergangslinie (muss nicht mittig liegen).

Beispiel: Eckiges Zusatzfeld im Bereich der „Inneren Sonne". Diese Menschen sind es gewöhnt, Ihre eigene Entwicklung und Verwirklichung innerer Bedürfnisse hinten anzustel-

Bergseitige Geländeböschungen können gut vom Haus aus wahrgenommen werden. Bei talseitigen Böschungen verschwindet nicht nur das Gelände aus unserem Bewusstsein, sondern auch die entsprechenden sozialen Lebensbereiche.

len. Sie sind scheinbar fest eingebunden in ein Leben für die Gruppe, Gemeinschaft oder Familie. Der Zusatzbereich sollte in diesem Fall möglichst frei und unbebaut sein. Die gegenüberliegenden äußeren Konstanten sind hier „Das Ungeborene“ und „Himmelsschlange“.

Steile Böschungen

Steile Böschungen verhindern die Wahrnehmung des Grundstücks als Ganzes und damit die Wahrnehmung einzelner Lebensbereiche im sozialen Umfeld. Der Energiefluss auf dem Grundstück ist flüchtiger Natur.
Gestaltungsvorschlag: Eine kreisförmige Fläche in den Hang eingraben, was eine Energiesammlung an diesem Punkt bewirkt, oder eine Gestaltung mit Würfelformen, was eine fassbare ordnende Energie manifestiert. Beide Gestaltungsformen lassen sich mit einer terrassierten oder geböschten Hangform kombinieren. Wenn Sie keine Terrassierung benötigen, können Sie die Kreisform auch mit Schraffuren (siehe auch S. 64 / 65) kombinieren. Diese erinnern an landwirtschaftlich genutzte Obsthaine, mit denen je nach Perspektive und Bepflanzung interessante Gartenbilder geschaffen werden können.

„Plattes Land“

Ein Garten auf einer vollkommen flachen Ebene ist ebenfalls als problematisch anzusehen, da auch hier die Energie keinen Halt und keinen Punkt der Sammlung und Verwirbelung findet.
Gestaltungsvorschlag: Vernetzung der Grundstücksecken und -teile mit fließenden Linien, eine zentrale Kreisform zusammen mit Schraffuren oder die Sonnenform. Die Gestaltung mit einer topografischen Höhenveränderung oder mit Mauern und Heckenzeilen dient ebenfalls einer stärkeren Verwirbelung und Beruhigung von Ätherenergie auf dem Grundstück.

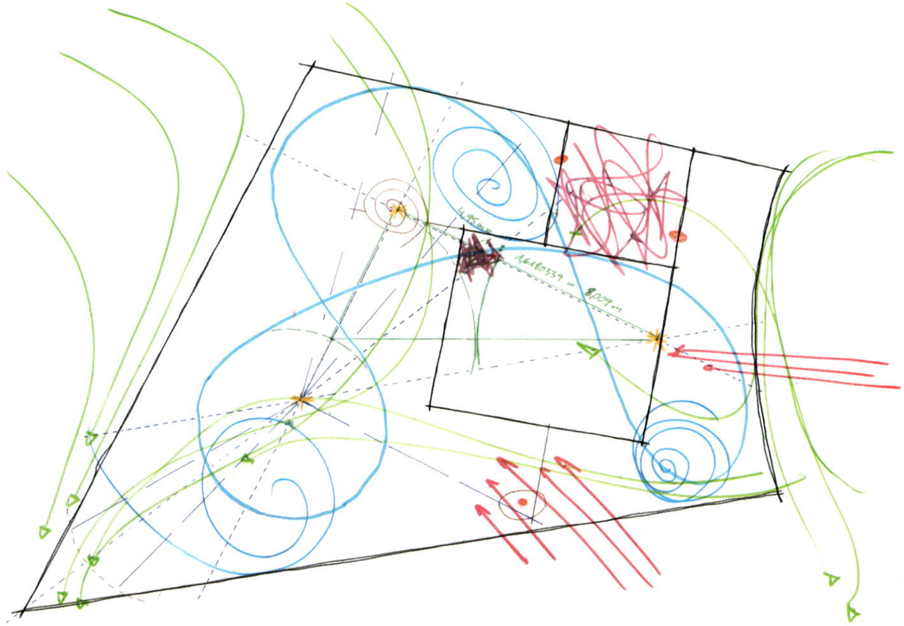

Auf dem Grundstücksplan wurden die Wahrnehmungen zur Energiequalität der Umgebung festgehalten. In einem weiteren Schritt wurde versucht, diese Erkenntnisse kreativ umzuformen, Störfaktoren abzudämpfen und angenehme Plätze zu stärken.

Energienetzwerk

Die erste geomantische Bewertung erfolgt durch die Einstimmung auf das Wesen des Hauses, in der wir mit unserem inneren Radar die Umgebung auf ihre emotionale Qualität hin abtasten. Diese tragen wir in eine Kopie des Grundstücksplans ein, indem wir unsere Eindrücke entweder mit Worten oder in grafischer Form beschreiben.

In einem zweiten Schritt legen wir das Keltische Kreuz über den Plan mit der Energiezeichnung und werden feststellen, dass sich tatsächlich Übereinstimmungen zwischen den Stärken und Schwächen der Eigner- / Bewohnerpersönlichkeit und den starken und schwachen Bereichen des Grundstücks abzeichnen. Neben den Krafteinströmungen an den Spiralpunkten werden in diesem Beispiel die starken Störenergien von der Straße und vom Nachbargrundstück deutlich. Außerdem ist sichtbar, dass angenehm empfunden Ströme sich sehr schnell in die Richtung des spitzen Grundstückswinkels hin verflüchtigen. Interessant ist eine unangenehme Verspannung und Verdichtung im Hauseck, die der Sphäre der Gruppe zugeordnet wird und eine chaotische Unruhe im Garagenbereich. Die Verdichtung im Hauseck ist wohl einer persönlichen Problematik der Bewohner zuzuordnen, da Sie auch mit der Problematik, die das spitze Grundstückseck andeutet, in direkter Beziehung steht. Die Unruhe in der Garage ist im Gesetz der Resonanz sicherlich auch ein persönliches Thema, fühlt sich im ersten Moment jedoch eher wie eine Irritation von Naturkräften an. Eventuell wurde im Zuge der Bauarbeiten eine größere Menge Humusboden an dieser Stelle „versenkt“ oder die noch lebendige Wurzel eines größeren Baumes, der zuvor auf dem Grundstück stand.

Im nächsten Schritt versuchen wir, die starken Bereiche miteinander in Beziehung zu setzen, sodass wir eine Stärkung der gesamten Energiesphäre auf dem Grundstück erhalten. Das sammelnde Kreiselement wird hier spielerisch, dynamisch mit den kraftvollen Punkten verbunden.

Ein klar gestaltetes Zentrum bringt viel Ruhe und ordnende Struktur in einen belebten Garten.

Heilung durch zentrale Energiepunkte oder energetische Netzwerke

Die geomantische Gartengestaltung kann helfen, die Resonanzen und Beziehungen in unserem Umfeld auszugleichen. Gleichzeitig kann eine Arbeit an unserer eigenen Biografie erleichtert und gefördert werden – sie kann jedoch nicht eine Veränderung stellvertretend für uns selbst sein. Dies sollte jedem klar sein, insbesondere jenen, die dazu neigen, sich stets in den nächstbesten Trend von Lebenshilfe und Heilsversprechung hineinzuflüchten.
Ein wirkungsvolles Mittel zur Harmonisierung der Energiestrukturen auf dem Grundstück ist der Aufbau eines zentralen Kraftzentrums oder eines überspannenden Netzwerkes von miteinander korrespondierenden Kraftpunkten.

Den zentralen Kraftpunkt finden

Für die Gestaltung eines zentralen Kraftzentrums benötigen Sie den energetischen Schwerpunkt des Grundstücks, den Sie auf dem Geländeplan herausfinden. Hierzu gibt es keine genaue Konstruktionshilfe. Es geht darum, einen Punkt zu ermitteln, der die höchste Spannung und zugleich die größte Ausgeglichenheit besitzt. Bei quadratischen Grundrissen ist dies gleichzusetzen mit der geometrischen Mitte. Bei ungleichen, polygonalen Formen ist es wichtig, die Fläche in ruhige und spannungsreiche Flächen zu unterteilen. Der energetische Schwerpunkt liegt auf der Grenze zwischen diesen Feldern. Sie können auch versuchen, den Spannungspunkt gefühlsmäßig zu suchen. Er befindet sich dort, wo aus der einen Richtung eher ruhige und von der anderen Richtung eher spannungsreiche Kräfte wirken.

Verankerung mit Bergkristall-Setzung

Energetisch sollte der Kraftpunkt gut in der Erde verankert werden. Hierzu können Sie einen natürlichen Bergkristall beliebiger Größe verwenden und diesen mit der Spitze nach unten in die Erde setzen (siehe S. 81). Dies kommt einer Grundsteinlegung gleich. Sie können sich daraufhin einen in der Erde strahlenden Bergkristall vorstellen und diese Strahlen an alle Ecken und Teile des Grundstücks anknüpfen, sodass alles über die Strahlen des Bergkristalls verbunden ist. Gut ist auch, wenn Sie sich vorstellen können, wie die Strahlen des Bergkristalls die Erde und das Gestein im Untergrund durchleuchten. Der Bergkristall ist nun installiert, ausgerichtet und verbunden und wird seine Wirksamkeit entfalten.
Die Installation, die über diesem Punkt stattfindet, unterliegt keiner besonderen Ordnung oder Gestaltform. Der Punkt

sollte aber fest und dauerhaft markiert werden, sodass Sie ihn nicht im nächsten Frühjahr versehentlich wieder ausgraben. Passend wäre eine besondere schwere Steinplatte oder ein Pflastermosaik, ein Steinfindling von auffallender Größe, ein Hausbaum oder wenn der Platz vorhanden ist, eine künstlerische Plastik oder Skulptur, bei der Sie gefühlsmäßig prüfen sollten, ob diese die Aussage und Ausrichtung des Platzes unterstützt, neutral ist, oder vielleicht entgegenwirkt.

Ein Netzwerk erstellen

In der gleichen Weise kann ein Netzwerk aus Kraftpunkten auf dem Grundstück installiert werden. Hierzu können Punkte gewählt werden, die Sie durch die Übung des intuitiven Zeichnens ermittelt haben, oder die einen besonderen Stellenwert für Sie haben (Eingangsbereich, Terrasse, Sitzplatz). Weiterhin sind Punkte geeignet, die an den äußeren Grenzen des Grundstücks liegen, oder in für Sie schwierigen Zonen des Gartens liegen. Spielen Sie alle Möglichkeiten empfindungsmäßig einmal durch, bevor Sie sich entscheiden. Sie können auch mit Holzstecken die Punkte markieren und von verschiedenen Seiten betrachten, wie eine solches Zusammenwirken aussehen würde.

Als Markierungselemente bieten sich Steinfindlinge gleicher Herkunft an, mit denen auch optisch ein gestalterischer Zusammenhang auf dem Grundstück hergestellt werden kann. Im Mustergartenplan auf Seite 51 entstand ein Netzwerk als Verbindung von zuvor wahrgenommenen kraftvollen Plätzen auf dem Grundstück.

Mystisch oder modern – Kraftplätze und energetische Netzwerke sind nicht an eine äußere Form gebunden. Die innere Verbindung zum Ort und seinen Potenzialen entscheidet über die Wirksamkeit.

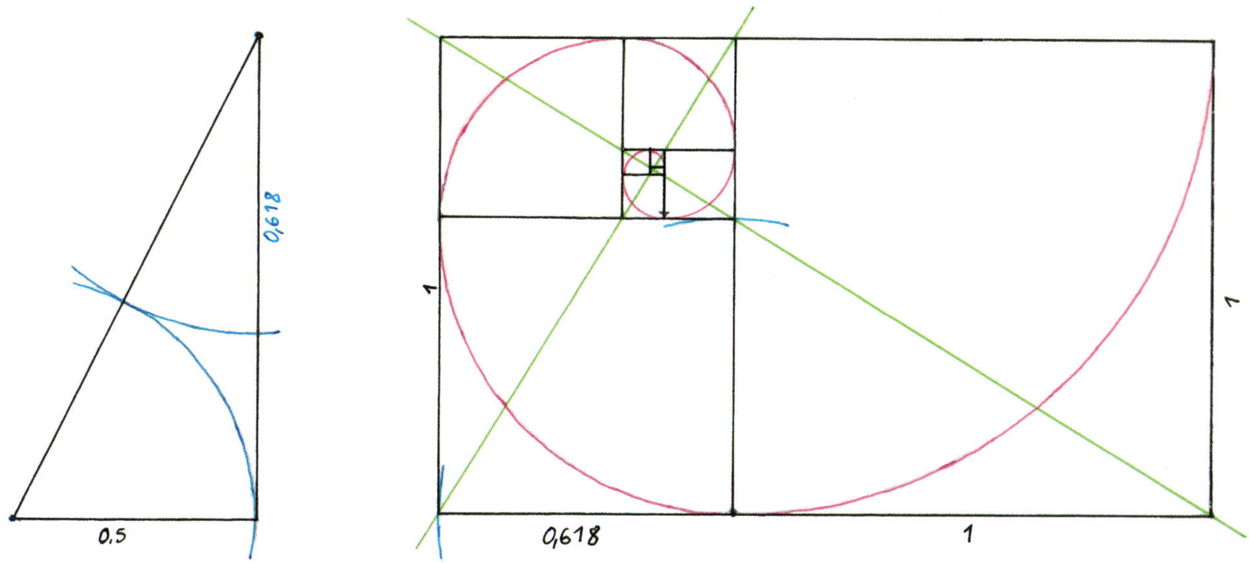

Der Goldene Schnitt gilt als magisch, da sein Verhältnis einem wichtigen Wachstumsprinzip in der Natur entspricht. Es gilt als förderlich, Gebäudeproportionen im Verhältnis von 1:0,618 = Goldener Schnitt zu bauen.

Heilige Geometrie

Die sogenannte heilige Geometrie ist eine Wissenschaft, die sich im Westen in der Tradition des Euklid, Platon und Pythagoras sieht. Die Geometrie wird heilig genannt, wenn Sie einen mathematischen, geometrischen Körper oder Form darstellt, die gleichsam als Rhythmus in der lebendigen Natur zu finden ist. Daher zählen zu der heiligen Geometrie im engeren Sinne der sogenannte Goldene Schnitt (siehe oben) und die Fibonacci-Reihe.
Der Goldene Schnitt kann in diesem Sinne als heilig bezeichnet werden, da er ein Verhältnis darstellt, welches lebendige Zellen bei ihrer Teilung anwenden.
Die Fibonacci-Serie ist eine Zahlenreihe, die sich aus einem einfachen mathematischen Spiel entwickelt hat, deren exponentiale Wachstumskurve inzwischen als gleichartig mit der von vielfältigen Wachstumsprozessen in der Natur erkannt wurde, beispielsweise der Vermehrungsrate von Hasen.

Ich persönlich arbeite nicht so gerne mit perfekten geometrischen Formen und platonischen Körpern, da sie für mich zu ideal und zu weit von der Individualität von Orten, Augenblicken und Persönlichkeiten entfernt sind. Unser menschliches Dasein ist nie perfekt, sondern vielmehr ständig in der Entwicklung und Veränderung rund um ein perfektes Ideal herum begriffen. Ich fühle mich eher der japanischen Gestaltungsphilosophie zugewandt, die im Übrigen auch im mittelalterlichen Zunftwesen verankert war. Der Handwerker sucht in seiner Arbeit nach der perfekten Form und Gestalt. Hat er sie gefunden, so bringt er vor der Vollendung mit einem Handstreich einen Fehler ins Werk, um es auf die Sphäre des Menschlichen zurückzubringen. Dennoch ergeben sich auch in der intuitiven Gestaltung unwillkürlich Formen, die im Verhältnis des Goldenen Schnitts stehen. Dies kann als Zeichen der Stimmigkeit verstanden werden.

Die Architektur entstand aus dem Bedürfnis des Weisheit suchenden Menschen, sich ein kultisches Ideal seines eigenen Körpers zu schaffen. Früher trennte sich der Mensch mit der Architektur bewusst ab, um sein Inneres zu erkennen. Heute öffnen wir die Architektur, um die Außenwelt wieder als Teil von uns selbst wahrzunehmen.

Architektur – Landschaft – Mensch

Die Geomantie legt sehr viel Wert auf eine ganzheitliche Wahrnehmung. Bei der üblichen Gartenplanung wird oft außer Acht gelassen, dass im Garten schon ein Haus steht, welches einen wichtigen Teil der Gestaltung ausmacht. Oder das andere Extrem, die Architektur des Hauses wird auf das ganze Grundstück übertragen bzw. hinausgezogen.

„Verwurzelung" der Architektur

Von der Geomantie her betrachtet sollte der Garten unter anderem dazu genutzt werden, die Architektur in der Landschaft zu verwurzeln. Diese Verwurzelung hilft auch den Bewohnern dabei, am Ort eine Heimat zu finden und eine Verbundenheit mit ihm aufzubauen. Praktisch umgesetzt werden kann dies durch eine Verwendung von örtlichen Gesteinen als Gestaltungsbestandteil. Es ist aber nicht notwendig, den ganzen Garten ausschließlich mit diesem Gestein zu verbauen, sondern es reichen eventuell wenige, aber gut positionierte Impulse.

Bewusster Kontakt zur Ebene der Landschaft

Es bedarf schon eines gewissen Fingerspitzengefühls, Architektur und Landschaft in stimmiger Weise zu verbinden. Wie viele moderne oder ortsfremde Baustoffe mische ich mit Elementen der Region?, ist eine bedeutende Frage. Für Ihr eigenes Gartenprojekt kann dies gut über die zuvor präsentierten Wahrnehmungsmethoden ausgelotet werden.

Eine Verbindung zur Landschaft nicht nur im ländlichen Raum, sondern auch in der Stadt – in der uns die Landschaft gar nicht im Bewusstsein ist –, kann eine große Bedeutung haben. Wir können davon ausgehen, dass die Landschaft auf einer sehr unbewussten Ebene für uns wahrnehmbar ist, da ihre spezifische geologische Struktur ein großes stehendes Schwingungsfeld erzeugt, in dem wir uns bewegen. In der Stadt kann hierdurch in besonderer Weise ein wirklicher Kraftplatz entstehen, wenn wir einen Raum erschaffen, der in stimmiger Resonanz zu einem sehr viel größeren Naturzusammenhang steht.

Einsatz von geeignetem Material

Die Entscheidung über die zu verwendenden Materialien sollten Sie von mehreren Informationen abhängig machen. Welche Materialien und Farben wurden am Haus verbaut? Welche Natursteine kommen in der Region vor oder sind typisch für die regionale Bautradition? Legen Sie verschiedene

Die Verbindung zu Landschaft und zur Gesamtheit des Kosmos ergibt sich in einem Garten durch eine Mischung von baulicher Anlage, Perspektive und der Qualität des Augenblicks.

moderne Baustoffe oder andere Natursteine neben die bestehenden Materialien und Farben, um so leichter entscheiden zu können, was passend aussieht und sich passend anfühlt. Wenn viel naturfarbenes Holz verwendet wurde, wähle ich für Wege, Einfassungen und kleine Mauern gerne Ocker- und Sandtöne aus, z.B. braungrauen Muschelkalk, Travertin, gelben Granit oder Betonsteine in diesen Farben mit natürlicher Optik. Im örtlichen Material können beispielsweise einzelne prägnante Mauerteile, Pylone an Wendepunkten des Weges oder ähnliche, einzelne Elemente gefertigt werden. Am besten ist es, wenn man in diesem Planungsteil flexibel arbeiten kann, da vieles davon abhängt, welche örtlichen Materialien zu bekommen sind. Oft sind es besondere Einzelstücke, die erst in einer späten Bauphase ihren genauen Platz finden wollen.
Eine Materialwahl wird also erleichtert – oder auch eingeschränkt – durch die Gegebenheiten der vorhandenen Architektur, harmonisch dazu passender Materialien und dem gegebenen geologischen Untergrund, der auch eine spezielle harmonische Resonanz zu bestimmten Gesteinen hat.

Übertragung der Kräfte der Landschaft auf die Gartengestaltung

Die Natur ist unser schönster Garten! Der Hausgarten ist für mich eine „Entwicklungsstufe" auf dem Weg der Individualisierung des Menschen. Er dient als Naturerfahrungs- und Selbstschulungsweg. Mein liebster Garten ist ein urwüchsiger Wald oder eine freie, karstige Landschaft. Hier, jenseits

Faszinierende Landschaftsbilder sind Eindrücke, die wir am liebsten gut verpackt mit nach Hause nehmen wollen. Lernen wir, die speziellen Ortsqualitäten zu erfassen, können wir uns zu Hause ein „Kraftbild" dieser Landschaften nachbauen.

der Siedlungen und Städte, hole ich mir die stärksten Gartenbilder. Ich plane und baue Gärten, weil ich diese wohltuenden, inspirierenden und beeindruckenden Kräfte der Landschaft zu den Menschen bringen möchte – zumindest die Stimmung und die uns unterstützenden Kräfte. Wenn ich es schaffe, diese in Ihren „persönlichen Erdenraum" zu übertragen, bin ich glücklich und liebe diese Arbeit über alles.

Grundsätzlich geht es darum, die Stimmung einer Landschaft zu erfahren, ihre besondere Qualität zu spüren und dieses Gefühl in der Erinnerung zu speichern, am besten mithilfe einer Handskizze. In der Natur sind viele Details vorhanden, die auf einem Foto nicht festgehalten werden können, wie räumliche Tiefe und die Wahrnehmung von Duft, Wärme, Abstrahlung und Aura der vorhandenen Elemente. Eine Handskizze, zu der Sie sich auch eine Weile mit der Inspiration beschäftigen müssen, ist viel eher in der Lage, diese wichtigen Erinnerungen zur Stimmung wieder aufleben zu lassen.

Es ist dafür kein besonderes Zeichentalent notwendig – Sie müssen die Zeichnung nur selber wieder deuten können.
Eine weitere gute Möglichkeit ist, die Landschaft als Energiebild festzuhalten, wie wir es zuvor mit dem Grundstück getan haben, wobei uns hier hauptsächlich die Bewegungen in der Landschaft interessieren, da die Landschaft keine so klar von Grundstücksgrenzen bestimmte Fläche wie unser Hausgarten ist. Suchen Sie dann mittels Ihrer Vorstellung oder anhand von Katalogen oder Büchern nach Möglichkeiten, die Sprache der Landschaft in die Sprache des Gartens zu übertragen. Eine Hügelkette kann als Hecke übersetzt werden. Ein See wird zur Rasenfläche, ein Haus zum Felsquader. Ein Wasserfall kann als weiße Bodendeckerrose oder Schleierkraut umgesetzt werden. Eine Siedlung mit bunten Dächern wird zum Blumenbeet, ein Obsthain zu einer durch Schnitt geformten Pflanzung aus Thymian, Lavendel oder Azaleen. Schöne Inspirationen finden sich auch in alten japanischen Gärten, deren Baumeister große Verehrung einer ihnen heiligen, göttlich belebten Landschaft entgegenbrachten. Spüren Sie bei der Zeichnung zu den einzelnen Materialien und Pflanzen hin und bewerten Sie, inwieweit diese der Stimmung Ihrer Wahrnehmung entsprechen.

Einem großen Bergrücken vorgelagerte Hügel werden als besonders energiereiche Landschaftspunkte wahrgenommen und auch als „Drachenkopf" bezeichnet. Vielfach finden sich hier Wallfahrtsstätten, Kapellen oder – wie hier in Italien – alte Ortschaften.

Kommunikation mit dem Drachen

Die abendländische Kultur kennt den Drachen als Fabelwesen, als Sinnbild des Urgewaltigen, Schrecklichen, als den Widersacher Gottes oder als Meeresungeheuer. Auch für mich war der Drache lange Zeit ein Fabelwesen einer alten, längst vergangenen Zeit und wenig bedeutsam für den Alltag.

Dies änderte sich langsam, als ich bei meinen Studien zur chinesischen Geomantie, Feng Shui, immer wieder mit der orientalischen Wahrnehmung dieses Wesens in Kontakt kam. In Asien gilt der Drache als Glückssymbol. Die Lebensenergie: Chi – dem griechischen Äther annähernd entsprechend – wird verstärkt in der Nähe einer Drachenlinie wahrgenommen. Der Drache ist nicht Chi, aber er zieht Chi im hohen Maße an. Diese verstärkte Präsenz des Chi verspricht Gesundheit, Erfolg, Reichtum und andere ersehnte Zustände.

Ich begann, mich mit der westlichen Sicht auf dieses Wesen genauer zu beschäftigen und stellte dabei unter anderem fest, dass die meisten „Drachentöter"-Darstellungen gar keinen Jäger mit einem erlegten Wild zeigen, wie es der volkstümliche Name vermuten lässt, sondern einen recht lebendigen Drachen, der lediglich ein wenig und oft fast liebevoll „angepiekst" wird.

Es kann also durchaus sein, dass es im alten Europa Menschen gab, die um die Leben und Wohlstand spendenden Kräfte der Erddrachen wussten. Außerdem wussten sie, dass diese Kräfte mittels einer Lanze oder Nadel an einem Punkt in der Landschaft fixiert werden können, um ihre wohltätigen Kräfte an diesem Punkt langfristig zu halten und nutzbar zu machen. Eine Methode, die in Asien nicht bekannt war, oder nicht praktiziert wurde, da davon ausgegangen wurde, dass nur die frei fließenden Kräfte der Erde dauerhaft für Wohlstand sorgen könnten.

Ich bin davon überzeugt, dass diese bewusste Fixierung und Nutzung der vitalen Drachenkraft die Grundlage für die schnelle und expansive Entwicklung Europas seit dem Mittelalter war. Viele Fixierungspunkte sind auch heute noch in den

Der Drache wird als Wesen beschrieben, das ständig in Bewegung ist, damit die Landschaft – und auch der Garten – durch seine Vitalität mit einer Atmosphäre geschäftiger Unruhe versorgt wird.

Altstädten und Kirchen aktiv. Leider habe ich die Befürchtung, dass die Vitalität dieses Kraftstroms durch die Anbindung an diese unzähligen Punkte an Energie verloren hat – ähnlich einem Bach, der eingedeicht, angestaut und eingegrenzt an Regenerationskraft verliert.

Das Wesen des Drachens

Drachen sind so etwas wie eine Verdichtung von purer, unbegrenzter Lebensenergie mit Bewusstseinseigenschaften. Sie sind weder böse noch gut, sondern einfach nur da – präsent und vital.

Die Drachenenergie ist vergleichbar mit der des Wassers. Nicht beherrschbar, aber im gewissen Maße steuerbar, dabei lebensfördernd und manchmal auch zerstörend. Meiner Meinung nach sind Drachen die bildhafte Darstellung eines freien Trägers und Verteilers von Lebensenergie und somit eine wesentliche Grundlage für das Leben auf diesem Planeten.

Der Umgang mit dem Drachen

Wer einen guten Draht zu dieser Kraft bekommen möchte, sollte von dem Wunsch angetrieben sein, die Drachen aus den einengenden Fesseln zu befreien, in denen sie in Europa vielerorts gefangen sind. Dies ist in der freien Landschaft einfacher als in funktionierenden Ortschaften. Ich behaupte, einen guten Kontakt zu diesen Wesen zu haben und erfahre eine Drachenbefreiung wie den Wechsel von einer gedrückten Stimmung hin zu einer lebendigen, fast ausgelassenen Belebtheit in der Atmosphäre. Drachen sind für mich zu machtvollen Helfern geworden, wenn es darum geht, besonders dunkle, energetische Barrieren aufzubrechen. Ihre Kraft kann zwar durch Magie ausgegrenzt werden, doch ist sie nicht mehr zu bannen, wenn sie um Unterstützung gebeten werden, die magischen Schleusen zu überwinden. Die Drachen erobern und reinigen den energieleeren Raum spontan und spielerisch und binden ihn wieder in den allgemeinen Vitalstrom der lebendigen Erde ein.

Üppige, überbordende Gärten sind oft dadurch gekennzeichnet, dass ihnen eine strenge Grundstruktur zugrunde liegt. Nach einer Phase des überschwänglichen Blühens und Wachsens wird diese regelmäßig wiederhergestellt.

Ordnung und Struktur

Eine wichtige Herausforderung, die es im Garten zu lernen gibt, ist die Steuerung des natürlichen Wachstums. Der Garten unterscheidet sich gerade hierin gegenüber der wilden Natur, dass wir steuernd eingreifen. Welche Maßnahmen wir ergreifen, hängt in erster Linie davon ab, welche Vorstellungen wir von unserem Garten haben. Wir wollen auf der einen Seite, dass die Pflanzen wachsen und sich gesund entwickeln. Andererseits sehen wir erst mit Verwunderung, dann vielleicht mit Schrecken, wie einzelne Teilnehmer sich die Freiräume erobern. Viele Gartenbesitzer haben sicherlich das Problem, einzuschätzen und zu entscheiden, wann eine Entwicklung eingedämmt werden muss.

Eine gute Möglichkeit, den Überblick zu behalten und die Grenzen des Wachstums zu erkennen, sind Strukturen, die uns helfen, den Raum zu ordnen. Wir können dann leicht erkennen, wann Grenzen verlassen werden, und es fällt uns leichter, einen Eingriff vorzunehmen. Im Sinne der Geomantie geben Strukturen eine Ordnung vor, die für einen bestimmten Energiefluss im Garten mitverantwortlich sind. Je nach Art, Form und Umsetzung erhalten wir einen Energiefluss der verlangsamend bis verödend sein kann oder einen, der belebend bis verflüchtigend ist.

Vertikale Formen, die in die Höhe gehen, sind in der Regel wirkungsvoller als am Boden liegende, wie beispielsweise Wege. Je nach Ausstrahlung, also harmonischer Präsenz des verwendeten Materials, wird der Energiefluss stärker oder schwächer beeinflusst.

Ein Naturstein hat in der Regel eine höhere harmonische Präsenz als ein künstliches Produkt wie Beton. Ein Naturstein, der in Resonanz mit dem örtlich anliegenden Gestein steht, schwingt wiederum harmonischer als ein Stein, der einen weiten Weg hinter sich hat. Es ist aber durchaus gut für den Energiefluss, einen „Störenfried" einzubauen, damit die Form nicht in einer vollkommenen Harmonie verödet, sondern eine Anregung durch eine Sondernote erhält.

Gerade Linien

Gerade Linien stehen in Resonanz zu den klaren Mineralstrukturen der Kristalle. Die Kristalle wiederum stehen für höhere kosmische Prinzipien. In der Gestaltung unseres Umfeldes sind gerade Linien heute dominant und zeigen, dass unsere Gesellschaft durch ein Leben nach höheren Ordnungsprinzipien bestimmt wird. Wobei die Ordnung eher menschlichen denn kosmischen Ursprungs ist.

Gerade, klare Formen sind in der Flucht wahrgenommen eher beschleunigend, frontal betrachtet blockieren sie eher.
Ich verwende lange, gerade Linien eigentlich nur bei der Grenzziehung zum Nachbarn. Selbst zu minimalistischer, moderner Architektur passen lang gezogene Schwünge oder vertikale immer noch besser als lange stur-gerade Linien.
Gerade Linien sind durchaus reizvoll, wenn die Strecken verhältnismäßig kurz sind. Kleine eckige Plätze, Würfelformen aus Stein, Beton oder Pflanzenform, Schraffuren mit geraden Linien zur Gliederung einer bunten Staudengesellschaft sind wichtige Gestaltungsmittel.

Schraffuren

Um eine wild-bunte Pflanzengesellschaft zu gestalten, die auch durch Menschen gepflegt werden kann, die wenig Gartenerfahrung mitbringen, habe ich das Gestaltungsmittel der Schraffuren entwickelt. Die linienförmige Ordnung, die dieser Struktur zugrunde liegt, erinnert an Gemüsebeete. Wenn die Reihen jedoch unterschiedlich bepflanzt werden, entstehen sehr schöne Perspektiven einer bunten Vielfalt, die jedoch immer übersichtlich bleiben. Bei dem richtigen Blickwinkel kann sogar erreicht werden, dass dies an Landschaftsbilder erinnert, bei denen mehrere Schichten von Hügelketten im Dunst des Horizontes in unterschiedlichen Farbnuancen erscheinen, als wären Scherenschnitte hintereinandergestellt worden. Diese Wirkung kann auch durch räumlich ineinandergreifende Hecken erreicht werden. Ein schönes Mittel, um einen fehlenden Landschaftsblick in wenigen Metern Grundstückstiefe auszugleichen.

Ruhige Flächen und Formen erleichtern uns die Wahrnehmung der Vielfältigkeit, auch ein geordneter „Luftraum“ beruhigt unser Bedürfnis nach „Orientierung am Vertrauten“. Unübersichtlichkeit und Wildwuchs können jetzt viel eher entspannt betrachtet werden.

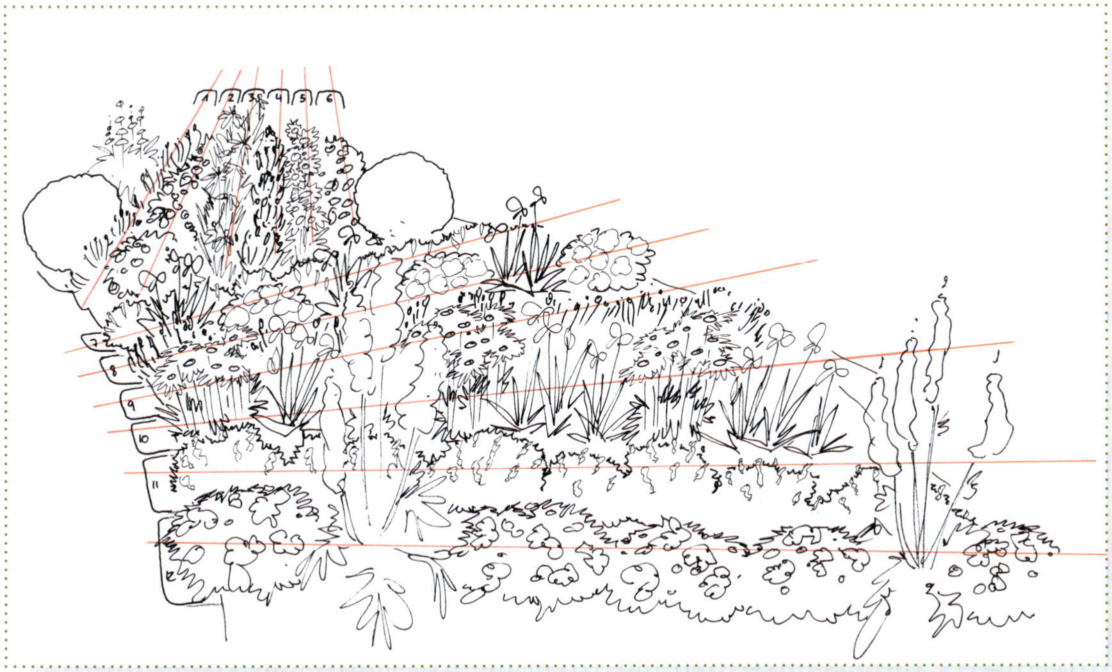

Mit diagonalen Reihen bepflanzte Böschungen erinnern an Schraffuren. Der Reihenzwischenraum dient als Weg bei Pflegemaßnahmen und sorgt für eine gut nachvollziehbare Ordnung im „Krautdschungel“ (siehe auch S. 115).

Eckige Flächen funktionieren wie ein Bilderrahmen an der Wand – das wilde Pflanzengemälde ist besser „konsumierbar“ als im reinen Naturzusammenhang einer bewaldeten oder buschigen Landschaft.

Eckige Flächen und Würfel

Eckige Flächen eignen sich energetisch betrachtet insbesondere dafür, zarter, flüchtiger Energie einen beruhigten Rahmen zu geben.

Eine in alle Richtungen auseinanderfallende Stauden- und Rosenpflanzung erhält durch eine daran angrenzende eckige Form, beispielsweise eine Terrasse oder eine Rasenfläche, einen Kontrast, der uns erlaubt, die flüchtige Schönheit dieses Blütenmeeres bewusster wahrzunehmen, als wenn diese Erscheinung von anderen geschwungenen und dynamischen Linien und Formen umgeben wäre. Es ist wohl das Prinzip des Bilderrahmens, der es dem gerahmten Inhalt ermöglicht, uns in seine Welt zu führen.

Dabei ist es in der Gartengestaltung nicht so entscheidend, dass der Rahmen um das Bild herumgeht oder sozusagen vor dem Bild liegt. Auch eine eckige Wand, die hinter der Pflanzung sichtbar wird, kann diese Rahmenfunktion erfüllen.

Eckige Flächen im Garten dienen also in erster Linie dazu, eine differenzierte Betrachtung eines natürlichen Geschehens ohne große Einstimmung auf diese andere Welt überhaupt zu ermöglichen. In der Regel sind wir modernen Menschen nicht so ohne Weiteres in der Lage, eine differenzierte Naturwahrnehmung zu machen, wenn um diese Natur herum alles andere auch nur wilde Natur ist. Denken Sie an die riesigen Urwaldgebiete. Betrachten wir sie, sehen wir nur eine „grüne Hölle". Erst ein Fokussieren auf ein bestimmtes Detail lässt uns die mannigfaltigen Wunder dieser Welt entdecken. Da dies sehr viel Einsatz und Anstrengungen erfordert, konsumieren wir diese Welt in der Regel eben aus eckigen Bilderrahmen heraus: Print-Magazine und Fernsehdokumentationen.

Geschwungene Linien

Natürliche, lebendige Formen, von der Zelle bis zur Oberfläche der Erde, sind irgendwie rundlich. Rechte Winkel gibt es allenfalls im Mineralreich. Daher sollten geschwungene Linien in einem Kraftgarten überwiegen oder zumindest eine zentrale Rolle erhalten. Gerade Linien ermöglichen uns zwar einen leichteren Zugang zum Wesen und zur Schönheit der Natur, für einen harmonischen, lebendigen Energiefluss sind sie jedoch ungeeignet. Wer also einen Garten der Kraft gestalten will, sollte sich mit Strukturen beschäftigen, die sich aus geschwungenen Formen bilden.

Lang gezogene Schwünge vermitteln eine große Ruhe und fördern die Konzentration. Kurze Schwünge erschaffen gefällige Formen. Viele kurze Schwünge hintereinander bringen allerdings Unruhe und vermitteln Unausgeglichenheit.

Schwünge in Verbindung mit abrupten Richtungswechseln und Haken bringen Dynamik und fröhliche Impulse in die Gestaltung, wie das schnelle Hakenschlagen bei rennenden Hasen oder Pferden. Ein Stilmittel, das uns aus dem Barock mit seinen Blumenranken vertraut ist.

Eine Besonderheit stellen noch die Schlangenlinien dar, also Linien, die sich mehr winden und nach einer Schlaufe fast wieder zusammentreffen. Sie erinnern an die Bewegungen einer Schlange – und in dieser Bewegung steckt Magie. Es ist auch die Bewegung von Flüssen in engen Talschluchten. Diese Form hat das Potenzial, schwierige Störfelder abzupuffern. Sie können sie bei Verwerfungslinien einsetzen und bei anderen, auch unbekannten Belastungsphänomenen. Mit Säulen aus Thuja kombiniert können so beispielsweise Funklinien abgemildert werden.

Wenn ich eine Grundstücksstruktur aus geschwungenen Linien entwerfe, achte ich darauf, die Schwünge nicht zu sehr zu biegen, nur weil die äußeren Umstände es zu fordern scheinen. Ich kombiniere dann lieber, lasse Linien auch mal übereinanderlaufen, verbinde sie mit Haken oder Schlaufen und beende sie in anderen Formen. So entstehen Strukturen mit vielen energetischen Spielräumen, die Platz bieten für eigenständige Gestaltungselemente wie Pflanzbeete, Rasen- oder Wegeflächen, Steinfelder oder Plätze für Objekte.

Schlaufen und Wechselschlaufen

Wenn es auf dem Grundstück einen Punkt gibt, der für Transformationsprozesse steht, kann dieser durch eine Wechselschlaufe in eine das ganze Grundstück vernetzende Struktur mit eingebunden werden. Transformationsprozesse sind überall nötig, wo unbrauchbare Vergangenheit, sei sie materiell oder ideell, aufgelöst werden muss, um neues Leben zu ermöglichen. Ein gutes Symbol hierfür ist der Kompost. Es können aber auch Gartenecken sein, die über alten Gebäuderesten oder Müll- oder Schrottgruben liegen.

Vielleicht erschaffen Sie aber auch einen Transformationsplatz in einem oder mehreren Bereichen, entsprechend dem Keltischen Kreuz. Ich könnte mir vorstellen, dass Themen wie Partnerschaft, Familie und Selbstverwirklichung Impulse der Verwandlung gut gebrauchen könnten.

Spiralen und Labyrinthe

Ein uraltes Symbol in der Kultur der Menschheit ist die Spirale. Die Spirale symbolisiert Entwicklung, Entfaltung, aber auch Weg und Ankunft im Wesentlichen.

Betrachten wir die Spirale als Sinnbild für das Leben, so bedeutet dies, dass wir uns im Leben stets in einem wiederkehrenden Rhythmus bewegen. Jedoch bewegen wir uns nicht im Kreis, auch wenn es uns manchmal so vorkommen mag, sondern wir kommen dem Wesentlichen, auf das wir zusteuern, jedes Mal um eine Umdrehung näher. Die Spirale ist somit ein sehr trost- und hoffnungsspendendes Symbol und kann gut für die Persönlichkeitsarbeit eingesetzt werden – ein Super-Symbol für den Kraftgarten!

Noch intensiver ist die Arbeit mit dem Labyrinth. Wobei ich vorab klarstellen muss, dass Labyrinth und Irrgarten nichts

Ein sanft geschwungener Gartenweg (links) ist wie eine Reise durch eine zauberhafte Welt, während Wechselschlaufen (rechts) eine fröhliche Dynamik in eine Form bringen.

Die Spiralform ist ein Urbild, welches unsere tiefe Sehnsucht nach individueller Entwicklung repräsentiert und von allen Menschen als harmonisch und angenehm empfunden wird. Obwohl die Form an sich banal und landläufig bekannt ist, sind Spiralformen in der Gestaltung immer wieder etwas Besonderes und für einen Kraftplatz eine gute Wahl.

gemeinsam haben. In einem Labyrinth kann und soll sich keiner verirren. Es gibt immer nur einen Ein- und Ausgang sowie ein Ziel, auf das hinzugelaufen wird. Das kretische Labyrinth ähnelt einer Spirale, nur dass es noch differenzierter und „lebensnäher“ ist. Wir gehen in diesem Labyrinth so, dass wir meinen, wir sind dem Ziel, dem Zentrum unserer Suche bereits ganz nahe, um uns im nächsten Augenblick an der äußersten Peripherie wiederzufinden. Am Ende eines langen Weges gelangen wir dann doch noch zum Zentrum. Da wir den gleichen Weg wieder herausgehen müssen, haben wir Gelegenheit, uns die Umwege noch einmal anzuschauen und darüber zu sinnieren. Es ist fast wie ein vollständiger Lebenszyklus. Das Zentrum ist der Punkt der Umkehr, der Rückwendung zum beschrittenen Weg. Sei es durch ein erwachtes Bewusstsein zu Lebzeiten oder als ein Rückweg der Seele nach dem Tod, die die Stationen des Lebens noch einmal aufsucht und durchschreitet.

Kreis und Kugel

Kreisrunde Formen symbolisieren Einheit und Vollkommenheit. Wir entdecken diese Form in der Natur hauptsächlich als Sonne oder im Vollmond. Sie wird daher auch mit göttlicher Präsenz in Verbindung gebracht.
Seit jeher gelten runde Formen als Energiequelle, weshalb beispielsweise unsere Speiseteller und Schalen auch am häufigsten als runde Form gekauft werden. In der Gartengestaltung funktionieren sie als Sammlungs- und Ordnungspunkte. Diese Form hat die Fähigkeit, innerhalb einer Vielfalt von anderen Formen und Ausrichtungen eine ordnende Mitte zu bilden. Ich setze sie gerne ein bei spitzwinkeligen Grundstücksformen, bei steilen Hanggrundstücken oder, um in gewollt wilden Gärten wenigstens einen ruhigen Punkt zu schaffen. In ruhigen Gärten wiederum erstrahlen große Kugelformen in einer Präsenz und Anziehungskraft, die auch kleinen Gärten Größe und Anmut verleihen kann.

Kreis- und Kugelformen gelten als Energie ausgleichend und sammelnd. Während eckige Formen eher wie ein Bilderrahmen funktionieren, liegt die Qualität von runden Formen in der Funktion eines mittigen Ruhepols innerhalb eines unübersichtlichen Umfeldes.

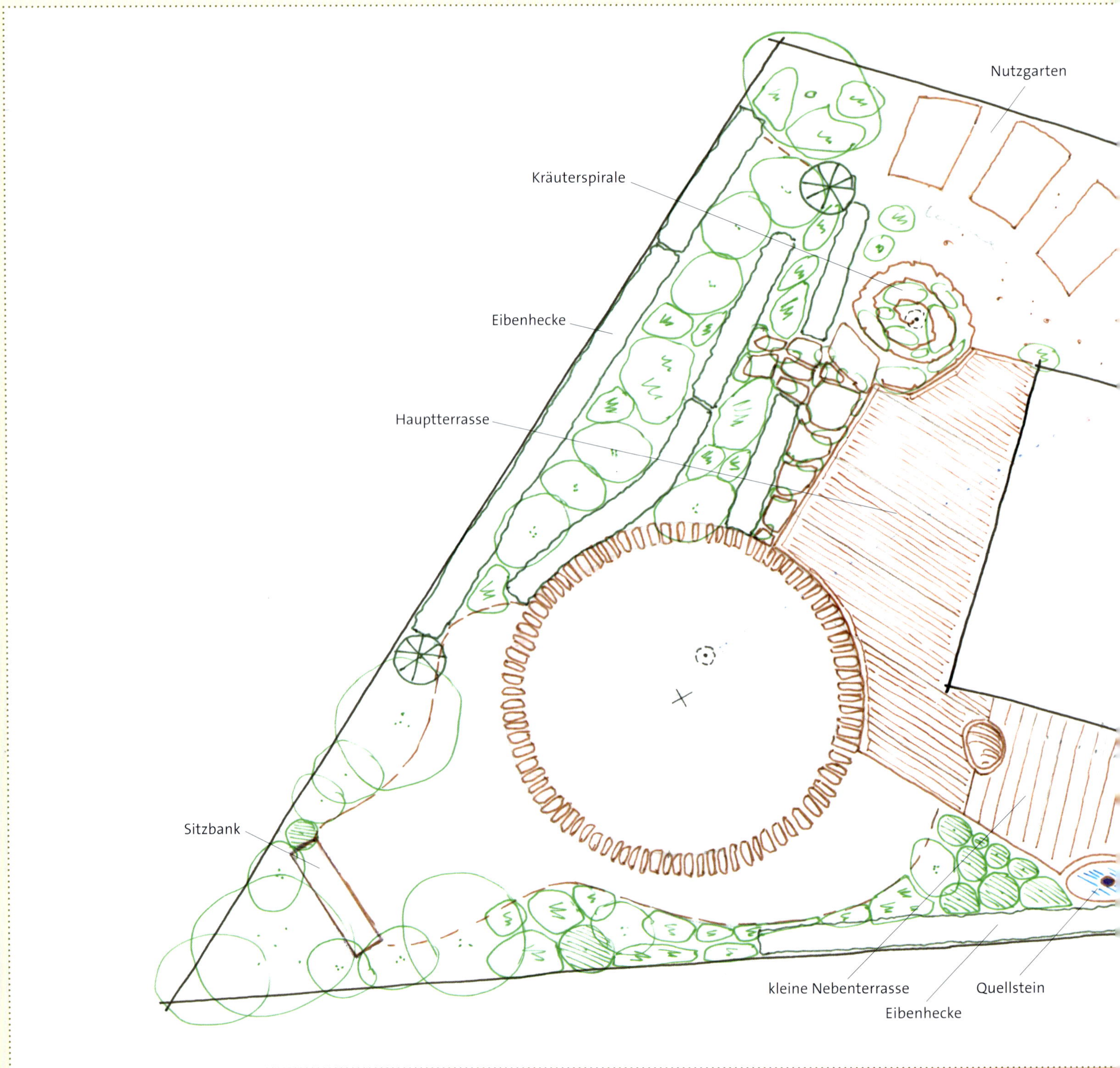
Nutzgarten
Kräuterspirale
Eibenhecke
Hauptterrasse
Sitzbank
kleine Nebenterrasse
Eibenhecke
Quellstein

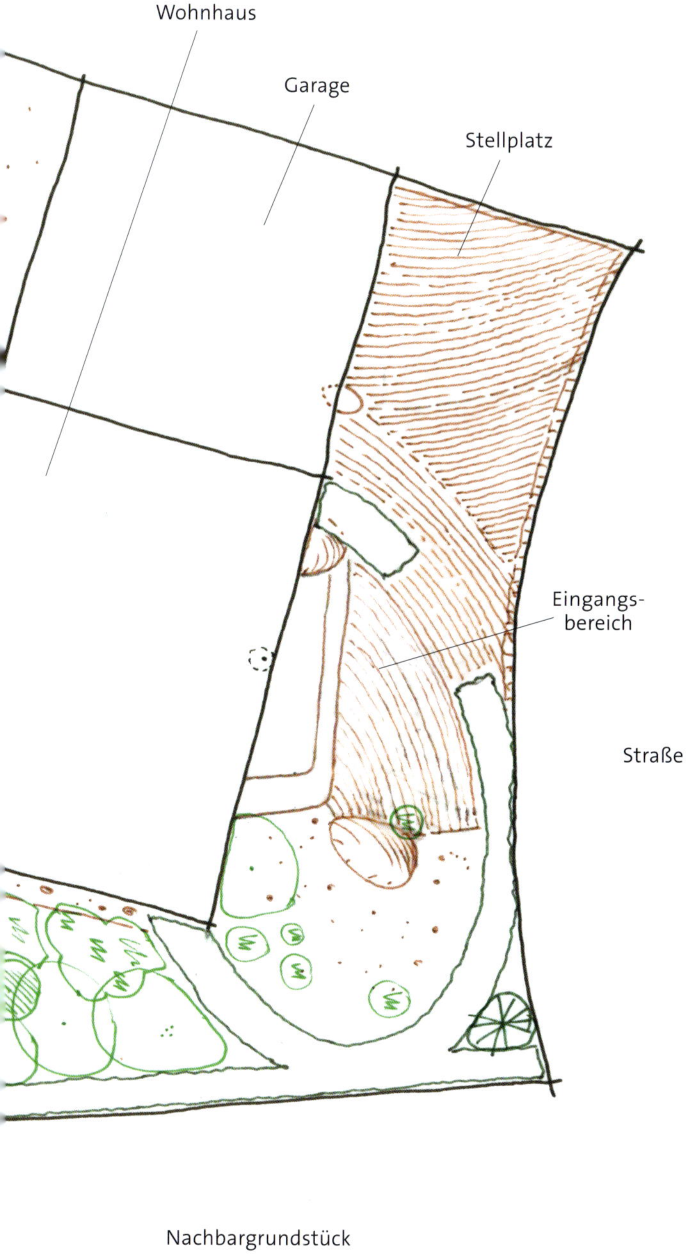

Mustergarten – ein Garten der Kraft

Nachdem wir uns im vorangegangenen Teil die Wünsche, die gefühlsmäßige Wahrnehmung des Grundstücks aus der Position des Hauses und eine kreative Umwandlung dieser Wahrnehmung als Energienetzwerk erarbeitet haben, können wir nun eine konkrete Gestaltungsform entwickeln. Am besten beginnen wir mit der Struktur der festen Bestandteile, wie Belagsflächen, Wegen, und wichtigen energetischen Teilen, wie in diesem Fall Hecken, Quellstein, Sitzbank und Kräuterspirale. Hier wird damit experimentiert, die eine Terrassenkante aus der Verbindungslinie der zwei hinteren Schlaufenschwerpunkte zu bilden.

Immer wieder kann geprüft werden, ob es sich anbietet, den Verlauf, die Ausrichtung oder Form in Bezug zu den Energiepunkten und -strukturen zu setzen. Eine schlüssige und als stimmig empfundene Gestaltung ergibt sich oft aus den inneren Bezügen der Gestaltungsbestandteile untereinander. Anders als in der zeitgenössischen Architektur beziehen wir uns nicht nur auf die äußere Form, sondern auch auf eine „emotionale Struktur", die wir uns zuvor erarbeitet haben. In diesem Beispiel ist es die Form des von Hecken eingefassten Vorplatzes, die Pflasterform, die in Verbindung zum „Brückenstein" steht, und das Eingangspodest, das sich an dem Dreieck orientiert, aus dem wir den Goldenen Schnitt ermittelt haben (siehe auch S. 135). Die dichte immergrüne Eibenhecke dämpft die vorhandenen Störenergien zur Straße und zum Nachbargrundstück ab. Die dunkle Verdichtung erfährt eine Beachtung in der Raumgestaltung des Hauses. Für die irritierten Naturkräfte, die in der Energiezeichnung unter der Garage erkannt wurden, werden mit ausgerichteter Absicht gesetzte Steine halb ins Gebäude, halb in die Außengestaltung gesetzt, um ihnen eine energetische Brücke anzubieten.

Gibt es etwas Lustvolleres, als dem Gurgeln und Plätschern zu lauschen und in den Wellen zu toben am Tage? Gibt es etwas Unheimlicheres als das gleiche Geräusch in der Nacht, etwas Heimtückischeres als die stillen Fluten, die uns im Schlaf überraschen. Was ist es, was unsere Empfinden so spaltet?

Das Element Wasser

Wasser ist das Element des Lebens. Mit Wasser verwandeln sich irdische Substanz und kosmischer Geist in eine Lebensform. Ohne Wasser gäbe es nur Stoff und Licht, unvereinbar gegeneinandergestellt. Interessant in dieser Betrachtung finde ich, die geologisch-historische Erkenntnis zum Ursprung des Wassers anzuschauen: In der Entstehung der Erde gab es anfänglich überhaupt kein Wasser. Es war sozusagen vollkommen unbekannt. Die Forscher der Erdgeschichte haben sich lange gefragt, wo das viele Wasser unserer Erde war, als diese noch als Feuerball existierte. Die Antwort: Es kam erst später. Erst vor wenigen Jahren wurde bei der genaueren Studie eines erdnahen Meteoriten festgestellt, dass dieser eine große Menge Wasser in Form von Eis huckepack mit sich führte. Die Erdhistoriker fanden zum ersten Mal bestätigt, was sie vielleicht schon länger gemutmaßt hatten. Die Erde erhielt das Wasser, das sie zu einem der einzigartigsten Planeten in unserer Galaxie macht, aus dem Weltraum.

Das Wasser ist ein besonderes Element – ganz dicht mit dem Leben und allem, was das Leben ausmacht, verbunden. Wasser bringt Leben hervor, erhält es und sorgt dafür, dass sich die Form wieder auflöst. Dennoch ist Wasser nicht lebendig im eigentlichen Sinne, sondern dient dem Leben als Bezugsmedium. Es hat die Fähigkeit, Informationen zu speichern und auch wieder abzugeben und dadurch seine innere Qualität zu verändern. Der Japaner Masaru Emoto wurde durch die Erforschung dieses Phänomens weltberühmt, da er beweisen konnte, dass Wasser allein durch Worte seine innere Struktur verändert. Durch die magische Kraft des Lebens (siehe auch S. 60: „Kommunikation mit dem Drachen") und der Gestaltungskraft des Geistes formen sich Materie und Wasser zu organischen Strukturen, die sich zu Lebewesen entwickeln. Verlässt die Lebenskraft das organische Wesen, zerfallen die Strukturen, ohne sich wieder zu erneuern und bilden mit dem Wasser zusammen eine übel riechende Flüssigkeit.

An diesem Beispiel können Sie klar erkennen, dass Wasser ein neutraler Partner des Lebens ist. Für die meisten Tiere ist es lebensfördernd, sauberes Wasser zu sich zu nehmen. Sauberes Wasser steht daher auch für Gesundheit und Lebensfreude. Für pflanzliche Lebewesen ist es in der Regel jedoch so, dass ihnen Wasser, das mit Zersetzungsprozessen des Lebens angereichert ist, durchaus gut bekommt und ihr Wachstum fördert. Besonders stark wird dies beim Lotus deutlich, der mit seinen Wurzeln im Morast steht und daraus die reinste Erscheinung an der Wasseroberfläche hervorbringt.

Bergseen sind für viele Menschen der Inbegriff der Reinheit. Wenn wir unser Bewusstsein allerdings in die Tiefe gleiten lassen, erscheinen uns Kräfte, die mit dem Wesen einer „Nessi" von Loch Ness vergleichbar sind.

Die symbolische Deutung des Wassers

Sauberes Wasser ist für Menschen und Tiere gleichermaßen überlebenswichtig. Daher steht eine Quelle, aus der reines Wasser strömt, kulturübergreifend für Glück, Gesundheit und Lebensfreude.

Stille oder tiefe Wasser werden oft mit verborgenen, unbekannten Welten assoziiert. Dunkle Wassergeister, Unterweltschlangen und neptunsche Wesen sind hier zu Hause. Diese Fabelwesen stehen für tiefe und verborgene Gefühle und Neigungen, denen sich nur wenige gerne stellen. Die Reise in diese persönlichen Untiefen können Teil eines spirituellen Weges sein, der uns zu unserer höheren Natur führen kann, entsprechend dem Bild des Lotus, das auch als Symbol des Buddhas häufig gewählt wird.

Fließendes Wasser steht für Reinigung, Veränderung und Verwandlung. Insbesondere Wasserfälle sind ein Symbol für die reinigende Kraft des fließenden Wassers. Fallendes Wasser aus Wasserhähnen und Brauseköpfen ist heutzutage ein Standard in unseren Haushalten.

Die wandelnde Kraft des Wassers kann sehr deutlich an der Veränderung natürlicher Flüsse beobachtet werden. Je nach Wasserstand und nachströmender Wassermenge ist das Wasser **der** große Landschaftsgestalter. Das Schwemmland der Flüsse ist seit Langem ein fruchtbarer und begehrter Ackerboden, trotz der Gefahr des Ernteverlustes bei übermäßigen oder unzeitigen Hochwassern.

In den alten Ackerbaukulturen, wie China oder Ägypten, hat das Wasser einen dichten Bezug zu Wohlstand und Macht. Traditionell wurde die Macht der Kaiser bzw. Pharaonen an Ihrer Fähigkeit gemessen, die Launen des Wassers zu erkennen und sie steuernd zu beeinflussen – sei es magisch oder baulich. In China sind heute noch die Worte für Geld und Wasser genau gleich. Auch in unserer Kultur wird Geld gerne mit den Attributen von Wasser oder von Flüssigkeiten beschrieben.

Inspiriert durch das chinesische Feng Shui versuchen auch wir unseren Geldsegen durch den Einsatz von Wasserspielen und Wasserbildern positiv zu beeinflussen. Wie erfolgreich dies ist, sei dahin gestellt, denn entscheidend für den persönlichen Geldsegen ist vielmehr unser persönliches Verhältnis zum Geld.

Geld ist, wie Wasser auch, eine neutrale Energieform, die sehr viel mit autoritärer Macht zu tun hat. Wer ein Autoritätsproblem hat, wird oft Geldprobleme haben. Andererseits müssen wir auch sehen, dass wir einen Teil unserer Freiheit opfern, eintauschen sozusagen gegen Geld. Menschen, die einen reichen Geldzufluss haben, haben in der Regel einiges dafür geopfert und beschränken sich oft in sehr engen persönlichen Grenzen, um den Zufluss des Geldes aufrechtzuerhalten. Nur

Frei fallendes Wasser vermittelt uns Reinigung und Erfrischung. Fließendes Wasser ist daher auch ein Ausdruck von kulturellem und sittlichem Wohlstand.

ein bedingungsloses Geben und eine vollkommene materielle Bedürfnislosigkeit kann uns von der Abhängigkeitsspirale des Geldes befreien – so wie es alle großen spirituellen Lehrer uns beschreiben.
Was ich aus der Thematisierung des Wassers in der chinesischen Geomantie gelernt habe ist, dass die Anwesenheit von Wasser in jeder Form bedeutsam ist. Daher rate ich genau hinzuspüren, wo Sie ein Wasserelement und in welcher Form installieren wollen. Eine sehr stimmige Verwendung ist in jedem Fall das Sichtbarmachen von unterirdischen Wasseradern. Hierdurch wird der subtile Einfluss von fließendem Wasser aufgehoben.
Sehr kraftvoll und klar wirkt das Wasserelement, wenn es direkt von gebrochenen Natursteinen begrenzt wird, so wie der Ozean der auf felsige Küsten trifft. Die Botschaft ist: Ein klarer Geist trifft auf tosende Gefühle. Beide wollen nicht weichen und es entsteht eine spannungsgeladene Atmosphäre, die große innere Stärke fördert. Verwenden wir ausschließlich runde Steine als Begrenzung, lautet die Botschaft: Das Gefühl macht den Geist weich und nimmt ihm die Schärfe.

Mäandernde Flussläufe erinnern an die Bewegung einer Schlange. Diese Bewegungsfreiheit dient dem Wasser zur Herstellung einer sauberen Wasserqualität. Die Schlange steht symbolisch in allen Kulturen für die Fähigkeit, sich zu verwandeln und altes hinter sich zu lassen – interessant!

Wahrnehmungsübung

Fangen wir an mit einem Bachlauf. Stellen Sie sich vor, an der Terrasse hinter Ihrem Haus beginnt der Bachlauf und fließt in den tieferen hinteren Garten. Sie gehen in die Wahrnehmung als Haus zurück. Der Bachlauf beginnt gefühlsmäßig vielleicht in der Höhe des mittleren Brustbereichs, etwa ein bis zwei Handbreit von der Wirbelsäule entfernt. Der Bach geht in Ihrer Vorstellung in einem Bogen nach rechts und endet unterhalb Ihres Schulterblattes, etwa eine Elle vom Körper entfernt.

Wenn Sie es sich vorstellen können, dann lassen Sie das Wasser mal eine Weile fließen in Ihrer Vorstellung und spüren Sie hinein, was es in Ihnen anregt, wenn das Wasser so fließt.

Wenn Sie Probleme haben, es sich genau so vorzustellen, dann verändern Sie einfach die Position von Anfang und Ende des Bachlaufs ganz spielerisch. Sie kommen dann ganz von selbst zu den besten Positionen, an dem der Bachlauf sein sollte. Vielleicht gelingt es Ihnen auch gar nicht – obwohl Sie andere Übungen gut nachvollziehen konnten –, dann ist ein

Bachlauf vielleicht einfach nicht das geeignete Gestaltungselement. Ihr Unterbewusstsein verweigert sich diesem Spiel, um Ihnen dies mitzuteilen – bedanken Sie sich bei Ihrer inneren Führung!

In dieser Weise können Sie alle möglichen Formen der Wassergestaltung für sich und Ihr Haus prüfen. Beschränken Sie sich im ersten Schritt nicht, seien Sie kreativ! Wie wäre es, wenn Sie einen großen Teich direkt vor der Eingangstür hätten oder das Haus sogar auf Stelzen im Wasser stehen würde? Wenn Sie an einen Quellstein denken, positionieren Sie ihn rund um Ihr Haus herum und spüren Sie hinein, wo es sich am besten anfühlt. Rücken Sie ihn näher zu sich heran oder ein Stück weiter weg – wie verändert sich die Wahrnehmung zum Quellstein und dem sprudelnden Wasser? Die wichtigsten Erfahrungen sollten Sie sich aufschreiben.

*In der modernen Garten-
gestaltung ist die Verwendung
von Steinen in unterschied-
lichster Form, Verarbeitung und
Beschaffenheit ein zentrales
Element.*

Kein Kraftgarten ohne Steine

Es gibt wohl kaum jemanden, der sich der Faszination wilder Felsen, mächtiger Kieselfindlinge oder der einzigartigen Struktur, die an gesägten und polierten Natursteinflächen erscheint, entziehen kann. In ihnen spüren wir so viel dieser für uns kaum fassbaren Kraft und Mächtigkeit unseres Planeten, dass ihre Nähe uns mit dieser zu verbinden scheint. In einem Garten der Kraft bilden Steine eine wichtige gestalterische und energetische Rolle.

Steine als energetische Bezugspunkte

Alle alten Kulturen benannten und benennen bis heute einzelne Felsen, besondere Berge und Hügel als den Sitz der Götter oder den Mittelpunkt der Welt, also Punkte, an denen das Göttliche mit dem Irdischen in Kontakt tritt. Die Geomantie sieht bestimmte Berge oder besondere Felsenplätze als Sende- oder Empfangsantennen für den Austausch mit kosmischen Ebenen, die steuernd und ordnend auf den Erdorganismus wirken. Denken wir unseren Heimatplaneten wieder als Lebewesen, so ist es normal, dass die Erde Organe haben muss, die ähnlich unseren physischen oder energetischen Organen (z. B. Chakren) funktionieren, um einen Austausch mit der Außenwelt zu ermöglichen.

Ein Göttersitz im Garten

In der historischen Gartengestaltung ist die Verwendung von Steinfindlingen vor allen Dingen aus Japan bekannt. Japan hat ein faszinierendes kulturelles Selbstverständnis. Ich kenne keine andere Kultur, in der die ältesten kulturellen Werte gleichberechtigt neben den modernsten stehen können – natürlich mit gleichberechtigter Wertschätzung aller Epochen, die dazwischenliegen. Dies mag der Grund dafür sein, warum eine ausgesprochen archaische Naturverehrung sich mit dem relativ modernen Element einer musischen Naturkultivierung – wie der Gartenkultur – vereinigen kann.
Im japanischen Schintoismus, einer archaischen, heute noch weitläufig praktizierten Naturreligion, gelten große, einzeln stehende Steine als Orte geistiger Naturwesenheiten, die wichtigen Einfluss auf das Leben haben. Tatsächlich entstanden die ersten japanischen Gärten durch die gestalterische Veränderung der Umgebung dieser Steine als Zeichen der Ehrerbietung an den Ortsgeist. In einer späteren Epoche wurden bedeutende Steine als Geschenke in einer Art Prozession, von einem Fürstenhaus zum anderen gebracht. Diese galten als unglaublich wertvoll, da man mit diesen Steinen auch den mächtigen Ortsgeist verfrachtete.

In vielen Volkssagen wird die Erde in ihrem Ursprung von Riesen gestaltet oder werden die Bergmassive als schlafende Riesen erkannt. In vielen animistischen Weltanschauungen werden Steine als Sitz von örtlichen Schutzgeistern verehrt.

In der modernen Geomantie spricht man eher von höheren impulsgebenden Naturwesenheiten, die sich einen besonderen Stein, aber auch einen Baum oder eine Quelle als ihren irdischen Bezugspunkt wählen. Es ist schwierig, ein Naturwesen von übergeordneter Wichtigkeit ausgerechnet in Ihrem Garten „anzusiedeln", doch haben Sie die Möglichkeit, einen besonders gewählten Stein zu Ihrem persönlichen Kraftstein zu machen, der Ihnen schon durch seine innere Information eine Anbindung an ausgleichende kosmische Ordnungsprinzipien ermöglicht.

Kosmische Ordnungsprinzipien

Unabhängig von ihrer Größe und Lage sowie dem Bezug zu einem Bewusstseinswesen der Erde haben Steine eine spezifische Kristallstruktur – eine strukturelle Persönlichkeit. Kristalle sind geometrische Ordnungsstrukturen, die in der Geomantie als materielle Entsprechung eines ordnenden, universellen Bewusstseins gelten und dafür sorgen, das sich die ewigen Gesetze des Universums fortlaufend neu manifestieren können. Jede Kristallform repräsentiert andere Gesetzmäßigkeiten, welche wir in der Steinheilkunde als Heilungsimpuls für unseren Organismus einsetzen können. Diesen Heilungsimpuls können wir selbstverständlich auch für den Organismus einer Pflanze, eines Ortes, einer Landschaft oder eben eines Gartens einsetzen.
Die Wirksamkeit eines Kristalls ist nicht unbedingt von der Größe abhängig, wobei ein großer Kristall natürlich eine größere Präsenz im Raum hat als ein kleinerer. Die Wirksamkeit ergibt sich vielmehr dadurch, inwieweit der Kristall von uns in seine gewünschte Aufgabe eingebunden und auf seine kosmischen und irdischen Bezugsfelder ausgerichtet werden kann. Dies passiert dadurch, dass wir mit dem Kristall reden, ihn an seinem neuen Ort willkommen heißen und ihn bitten, alle Organismen an diesem Ort mit der ordnenden Information der Ewigkeit zu versorgen.

Die innere Botschaft der Steine

Die geologische Entstehungsgeschichte eines Steins vermittelt uns viel von der Kräftewirksamkeit der Erde. Diese mächtigen, langwierigen Entstehungsprozesse sind Teil der Existenz oder des Bewusstseins des Gesteins. Die großen Gesteinsmassen im Untergrund einer Landschaft erzeugen aus ihrer Struktur und ihrem Bewusstsein heraus einen sehr langsam schwingenden Grundton, der das Selbstverständnis der Menschen in einer Landschaft entscheidend mitprägt. Das anliegende Gestein ist somit kultur- und charakterbildend. Dies geschieht unter anderem dadurch, dass unser komplexes prozesshaftes Denken durch die Entstehungsgeschichte des Gesteins beeinflusst wird, und zwar in der Richtung, dass sich bestimmte Ereignisse immer in entsprechenden Abläufen darstellen. In anderen Kulturkreisen wird dies in einer ganz anderen Weise wahrgenommen. Wir müssen uns nur einmal innerhalb von Deutschland umschauen, um eine Bestätigung hierfür zu bekommen.

Wenn Ihnen eine bestimmte Steinart besonders gefällt, können Sie in der folgenden kleine Liste schauen, ob die innere Botschaft des Materials Ihrer persönlichen Einstellung entspricht bzw. ob Ihnen einer der Impulse besonders zusagt und Sie gerne ein solches Gestein im Garten hätten. Wenn Sie die Steine im Garten so verteilen, dass ein energetisches Netzwerk entsteht, so werden Sie von der innenliegenden Kristall-Botschaft in Ihrer Entspannungs- und Erholungs-

Prinzip-Skizze einer Bergkristall-Setzung im Boden: Günstig sind naturbelassene Kristalle, denen noch Spuren des Muttergesteins anhaften.

Natursteine können als Bergmassive in Landschaftsminiaturen verwendet werden (oben). Oder Sie erschaffen damit künstliche Formen, die ein Ausdruck hoher Kunstfertigkeit sein können (unten).

phase auf dem ganzen Grundstück unterstützt. Sie können den gewählten Stein aber auch an einem bestimmten Platz im Grundstück platzieren. Eine Sichtachse könnte beispielsweise einen direkten Bezug zum Arbeitsplatz im Haus herstellen, oder der Stein wird als Teil eines Sitzplatzes verwendet, an dem Sie diese besondere Steininformation als Impuls wünschen.

- Urgesteine: Ich stehe wie ein Fels in der Brandung.
- Sedimentgesteine: Ich füge mich dem, was das Leben mit mir vorhat.
- Marmor: Das Leben hat mich weise gemacht, ich stehe fest auf dem Boden meiner eigenen Erfahrungen.
- Gletschergestein: Das Außen mag mich niederwerfen, doch im Inneren bin ich meinen Idealen ewig treu.

Die Auswahl der Steine für die Gartengestaltung

Bevor Sie eine Auswahl treffen, die alleinig nach Ihren eigenen Vorlieben und modischen Trends erfolgt, sollten Sie versuchen, dasjenige Gestein zu finden, welches in einer inneren Harmonie zum Ort steht. Dabei handelt es sich in der Regel um ein Gestein, welches in gleicher oder ähnlicher Art in den geologischen Schichten unter dem Grundstück vorkommt. Dies können durchaus mehrere Arten von Gesteinen sein, die in unterschiedlichen Tiefen vorkommen.

Informieren Sie sich über die regionalen Natursteinvorkommen. Meist sind diese schon in der Verwendung in historischen Gebäuden zu erkennen. Am einfachsten ist es, Steine in einem regionalen Steinbruch auszusuchen. Inwieweit Sie regionale oder überregionale Natursteine verwenden, kann sowohl eine Geld- als auch eine Stilfrage sein. Beachten Sie die Farben und Materialien der Architektur Ihres Hauses, verschaffen Sie sich einen groben Überblick über den möglichen Einsatz von Steinen in der Gestaltung – bei Wegen, Plätzen, Einfassungen und auch bei der Böschungssicherung und

Terrassierung. Beziehen Sie Ihre eigenen Vorstellungen und Vorlieben sowie die Eignung der Materialien für die geplante Verwendung mit ein. Des Weiteren ist beim Einsatz von Steinmaterial zu prüfen, ob es, in einer großen Menge verwendet, nicht zu dominant wirkt.

Ich lege mich bei der Gestaltung nie auf nur ein Gestein fest, entscheide mich aber für ein Hauptmaterial als Grundton, den ich am liebsten überall auf dem Grundstück wiederfinden möchte. Danach wähle ich hierzu passende oder ergänzende Steine aus, die ich akzentuiert einsetze und die der Gestaltung eine gewisse Spannung geben. Hierbei geht es nicht nur um farbliche Akzente, sondern vor allem auch um Oberflächen und Formen. Gebrochene Oberflächen kombiniere ich mit gesägten oder gerundeten Oberflächen, wie die von Gletscherfindlingen. Bei der Kombination von Kunst- und Naturstein bleibe ich gerne Ton-in-Ton.

Die Größe der Steine sollte im Verhältnis zur Gartenraumgröße sowie zur Bedeutung und Aussage innerhalb der Gestaltung gewählt werden. Große Steine sollten so achtsam eingebaut werden, dass ihre Besonderheit auch erkannt wird, da sie in kleinen Räumen eine große Präsenz und Bedeutung einnehmen. Das Gleiche gilt für Steingruppen. Diese sollten durch eine Ausrichtung zueinander unter Beachtung der vorhandenen, ineinanderspielenden Formen sorgsam gesetzt werden, damit diese als Gruppe und nicht als Trophäenreihe wirkt.

Bei der Kombination von unterschiedlichen Steinmaterialien ist Fingerspitzengefühl gefragt. Gut bewährt hat sich die Maxime „Ton-in-Ton plus ein paar Farbpunkte extra".

Der Charme von ausgeblichenen, wilden Holzstämmen lässt uns an den Urlaub am Meer zurückdenken. Die besondere Ausstrahlung von Holz macht es als Baumaterial im Garten sehr beliebt.

Holz – lebendiges Baumaterial

Holz empfinden die meisten von uns als ein sehr angenehmes Material. Vom ästhetischen Anblick, der Berührungsempfindung und der Raumatmosphäre nach ist es ein ansprechender Werkstoff. Für Menschen, denen ein Erleben der Umwelt über Berührung, also haptische Qualitäten, am Herzen liegt, sollte Holz als Gartenbaustoff zum Einsatz kommen. Besonders für Kinder hat diese Erlebnisqualität eine wichtige und bereichernde Aufgabe. Ästhetisch sehe ich Holz am liebsten unlackiert, in Verbindung mit Natursteinen und Metallelementen. Lackiert hat es eine andere, stilistischere Qualität.
Ich tendiere dazu, ein hochwertiges Holz lieber in geringem Umfang einzusetzen, als mit einem günstigen Holz eine große Fläche zu gestalten. Gerade für den Einsatz im Garten gilt für mich der Leitsatz: „Weniger ist mehr!“

„Barfußdiele“

Holzbeläge sind besonders beliebt, da sie auch bei geringer Außentemperatur und kurzer Sonneneinstrahlung schon zum Barfußlaufen einladen. Ein Holzbrett im Außenbereich hat leider die Eigenschaft, durch Verwitterung seinen inneren Verbund etwas zu lockern. Das heißt, dass sich durch den Wechsel von Nässe und Trocknung Spreißel (Splitter) hochbiegen und auf einen vorlaufenden Zeh „warten“. Um dies zu verhindern, ist es wichtig, Holz in guter Qualität und Verarbeitung zu kaufen. Besonders gefährdet sind Dielen, die feingeriffelt sind, da bei diesen die Holzoberfläche schon in kleine Streifen geschnitten ist. Ein Spreißel kann sich hierdurch leichter lösen und biegen als bei einem gehobelten Brett oder bei breit genuteten Rillen.

Grundlagen des Holzverbaus

Für den Heimwerker bieten sich Nadelhölzer als Baustoff in geradezu idealer Weise an. Sie sind verhältnismäßig leicht, gut herzurichten und zu montieren. Die dauerhaften Holzarten wie Eiche, Robinie und Tropenhölzer sind dagegen oft schwer. Zuarbeit und Montage erfordern gutes Werkzeug und Verbindungsmaterial.
Haltbarkeit: Im Garten haben wir bei der Verwendung von Holz grundsätzlich ein Haltbarkeitsproblem. Holz verwittert und vergeht im Laufe von wenigen bis maximal 20 bis 30 Jahren bei besonders witterungsresistenten Hölzern. Der größte Gegenspieler der Langlebigkeit von Holz ist dauerhafte Feuchtigkeit, die auf das Holz einwirkt. Aus diesem Grund ist immer zu schauen und zu überlegen, an welchen Holzpartien

Konstruktionen aus wilden Ästen sind ein schöner Spaß für kleine und große Baumeister, auch wenn die Bauten nicht immer gebrauchstauglich sind.

Feuchtigkeit im Kontakt mit Boden, Trägern, Verbindern und sonstigen Kontaktpunkten zu anderen Bauteilen nicht regelmäßig abtrocknen kann. Hier verwittert das Holz schneller, wird morsch und brüchig. Das bedeutet auch, dass Holz nur an Stellen zum Einsatz kommen sollte, die relativ luftig und sonnig gelegen sind, sodass es immer wieder gut trocknen kann. Daher sollte die Oberseite von Pfostenköpfen und liegenden Balken sollte angeschrägt sein oder durch eine Verwahrung aus Blech oder UV-beständiger Teichfolie vor Wasser geschützt werden.

Verbindung von Holzteilen: Bei gutem Geschick und Erfahrung mit dem Werkstoff kann die Verbindung von Holzteilen untereinander durch Zapfen und Holznägel erfolgen. Ansonsten sind Metallverbinder aus verzinktem Stahl oder Edelstahl notwendig. Im Fachhandel oder bei spezialisierten Versandhandeln gibt es eine große Auswahl an unterschiedlichen Montagematerialien. Gerade bei der Verwendung von Holz sollte die Verbindung sowohl dauerhaft, stabil als auch ästhetisch ansprechend ausgeführt werden. Hierzu gehört auch die Überlegung, inwieweit herausstehende Schrauben und Metallteile eine Verletzungsgefahr bei der Benutzung oder Bespielung darstellen.

Verankerung im Boden: Eine besondere Herausforderung beim Holzbau ist die Verankerung im Boden. Am besten ist die Verwendung eines Metallankers, der sicher mit dem Holz und einem Betonfundament verbunden wird. Leider gibt es im Handel selten Anker, die ausreichend stabil sind. Die allseits angebotenen U-Profil-Halter mit Dorn zum Einbetonieren sind nur als Befestigung von Terrassen-Unterkonstruktionsbalken geeignet. Der einzelne Metalldorn kann durch die Hebelkraft eines aufrechten Pfostens ohne große Mühe verbogen werden. Für aufrechte Pfosten empfiehlt es sich, diese mit zwei oder vier Flachstahlleisten im Betonfundament einzugießen. Im Handel werden hierfür auch sogenannte H-Form-Anker angeboten. Diese sind gut für den Aufbau eines Zaunes oder einer Sichtschutzwand geeignet. Eine weitere Möglichkeit ist der Einsatz moderner Schraubfundamente, die eine Verankerung ohne größere Erdarbeiten zulassen.

Terrassenbau: Bei Terrassenbrettern verzichte ich aus praktischen und ästhetischen Gründen auf einen Verbau mit Gefälle. Für ein sicheres Ablaufen von Wasser von einer angewitterten Holzoberfläche wären mindestes 4 % Gefälle notwendig. Das bedeutet einen Höhenunterschied von 4 cm pro laufendem Meter Terrasse. Sollen die Dielen parallel zum Haus verlegt werden – was meist am besten aussieht –, haben wir bei einer 4 m breiten Terrasse von einer Seite zur anderen Seite 16 cm Höhenunterschied entlang der Hauswand – das sieht unmöglich aus!

Legen wir die Dielen senkrecht vom Haus weg – was an sich nicht so gut aussieht –, ist es zwar möglich, diese mit dem entsprechenden Gefälle zu verlegen, allerdings ist die Riffelung der Dielen dann in Laufrichtung der Terrassentür mit Gefälle nach unten. Ist das Holz dann leicht veralgt und nass vom Regen, ergibt sich eventuell eine schnelle, unfreiwillige Rutschpartie. Daher verlege ich die Terrassendielen lieber eben – mit dem Risiko einer schnelleren Verwitterung.

Mit Holz-Fertigelementen aus dem Fachhandel lassen sich schnell und wirkungsvoll Gartenräume gestalten.

Holzschutz

Kesseldruckimprägnierung (KDI) verdreifacht die Haltbarkeit des Holzes, was sich besonders bei Fichte als vorteilhaft erweist. Die Lebensdauer liegt dann etwa bei zehn bis 15 Jahren. Nachteilig ist jedoch, dass dieses Holz in Deutschland als Sondermüll entsorgt werden muss. Die Kosten hierfür sind dem Kaufpreis zuzurechnen.

Öl-Hitze-Temperierung (OHT) ist ein relativ neues Verfahren, bei dem die Holzzellen durch Hitze und Öleinwirkung verbacken werden, sodass sie für holzzersetzende Bakterien nur noch schwer verdaulich sind. Das verlängert die Haltbarkeit bei Fichte laut Herstellerangaben auf bis zu 20 Jahre. Mit diesem Verfahren werden auch Hölzer für den Außenbereich verwendbar, die ansonsten ungeeignet sind, wie Buche und Esche. Da das Holz jedoch durch OHT an Spannkraft, verliert, muss die Unterkonstruktion bei Terrassen enger gelegt werden. Kostenmäßig sind OHT-Hölzer mit hochwertigen Holzarten vergleichbar. Die Entsorgung ist unproblematisch, da keine giftigen Substanzen verwendet werden.

Holzarten für den Garten

Lärche / Douglasie
Diese heimischen Hölzer haben unter unseren Nadelhölzern die höchste Eignung für den Außenverbau. Tragbalken, Konstruktionsholz, Terrassendielen und Sichtschutzelemente können daraus erstellt werden. Sie sind relativ weich und daher leicht zu verarbeiten. Diese beiden Holzarten werden auch als KDI-Ware angeboten. Ihre Haltbarkeit liegt unbehandelt bei fünf bis zehn Jahren im Außenverbau.

Fichte
Dieses Massenprodukt aus heimischen Wäldern mit einer Haltbarkeit von drei bis fünf Jahren ist weich und kann gut verarbeitet werden. Unbehandeltes Stammholz eignet sich ausreichend gut für einfache Böschungssicherung oder Hochbeete, für einfache Bretterzäune oder als Bauholz für Spielbaumhäuser und Gartenhütten, die durch eine Überdachung geschützt werden (auch als KDI-und OHT-Holz erhältlich). Aus ökologischer Sicht ist vom Kauf sibirischer oder nordischer Fichte abzuraten, da diese mit großer Wahrscheinlichkeit aus fragwürdiger Urwaldrodung kommt.

Eiche
Der Inbegriff eines substanzvollen Baustoffs aus heimischen Wäldern ist Eichenholz – sehr langlebig, hart und von hohem ästhetischen Wert. Es kann mit geeignetem Werkzeug sehr passgenau zugearbeitet werden und eignet sich für Außenmöblierung, als Konstruktionsholz für Pergolen, Holzzäune, Sichtschutzelemente und künstlerische Elemente. Für Terrassenholz ist es ungeeignet, da es an der Außenseite entsprechend der Lage im Baum unterschiedlich anwittert und dadurch eine ungleichmäßige Oberfläche entsteht.
Preislich liegt es etwa doppelt so hoch wie Nadelhölzer, seine Haltbarkeit ist allerdings dreimal länger einzuschätzen. Wichtig zu wissen ist, dass frisches Eichenholz ein bis zwei Saisons schwärzt, das heißt, die Gerbsäure verfärbt sich schwarz und wird vom Regen ausgewaschen, was zu dauerhaften schwarzen Flecken auf Stein- und Holzflächen führt. Nach zwei Jahren ist dieser Prozess allerdings beendet und das Holz erscheint im vornehmen Silbergrau.

Holz berührt man gerne auch mit nackter Haut, sodass bei diesem Bild „Wasser mit Holsteg" sofort Sommerbadestimmung aufkommt.

Robinie
Dieser Sonderling aus heimischen oder osteuropäischen Herkünften ist im Hinblick auf die Haltbarkeit der Star unter den Außenhölzern. Robinienholz kann ohne Pflege durchaus 30 Jahre überdauern. Selbst mit direktem Erdkontakt hält es sicher 20 Jahre. Dies ist natürlich abhängig von der Belastung und der Materialstärke.
Die Verarbeitung von Robinienholz ist schwierig und mit hohem Verschleiß verbunden. Die im Holz eingelagerten Mineralien beanspruchen Sägeblätter und Bohrer dreimal so stark wie anderes Holz. Robinienholz ist fest und zäh, aber

Formal ist der Gestaltung mit Holz kaum eine Grenze gesetzt. Dank des geringen Gewichts seiner Einzelteile und der möglichen Fertigung direkt vor Ort ist Holz auch ein idealer Baustoff bei der Renovierung von Gärten in Hofsituationen oder anderen mit Fahrzeugen nicht erreichbaren Orten.

relativ leicht im Vergleich zu anderen haltbaren Hölzern. Es ist in sich oft verwunden und lässt sich nur widerwillig als grades Bauholz zuarbeiten. Als organisch geformtes Bau- und Konstruktionsholz ist es allerdings ideal und zu einer gewissen Berühmtheit gelangt. Fantasievolle Spielplatz- und Baumhausgestaltungen aus Robinie sind inzwischen weitverbreitet. Auch die Verwendung als urwüchsige Pergola, wilde Zäune oder als gewundener Tragpfosten für eine moderne Glasüberdachung sind hervorragende Einsatzgebiete für Robinienholz. Nach eigenen Erfahrungen können Robinienstämme auch als schlagfrisches Holz verarbeitet werden. Die anschließende langsame Trocknung in wechselfeuchter Atmosphäre wirkt einer Rissbildung im Trocknungsprozess sogar entgegen.

Bankirai

Seit vielen Jahren schon ist Bankirai-Holz als Terrassendielen- und Konstruktionsholz im Handel erhältlich. Das Verhältnis von Qualität, Haltbarkeit, Preis und Verfügbarkeit ist sehr gut, fragwürdig ist jedoch die Herkunft des Holzes. Jeder, der sich dafür entscheidet, nimmt in Kauf, sich aktiv an dem schnellen Verschwinden der großen Urwaldgebiete entlang des Äquators zu beteiligen. Die Zertifizierungssicherheit ist immer noch ein großes Problem in den Herkunftsländern, außerdem liegen die Plantagen auch auf ehemaligen Urwaldgebieten.
Beim Verbau von Bankirai sind in jedem Fall Edelstahlschrauben zu verwenden. Verzinktes Material wird von der holzeigenen Säure innerhalb kurzer Zeit angegriffen und fängt an zu rosten. Ein Vorbohren der Dielen ist trotz modernster Schraubentechnik ratsam. Die Schrauben werden durch die Belastung sehr heiß und können abreißen. Eine abgerissene Schraube wieder herauszubekommen ist keine große Freude!
Entscheiden Sie sich beim Terrassenholz nur für breit genutetes Holz und nicht für die fein geriffelten Dielen, da diese gerne aufspreißeln. Bankirai-Spreißel sind wie feine Nadeln und entzünden sich wegen der starken Gerbsäuren schnell unter der Haut.

Metalle sind als dauerhafte Konstruktionsteile in der Außengestaltung vielfach im Einsatz. Die Materialästhetik setzt darüber hinaus interessante Impulse.

Metalle und Kunststoffe – Herausforderung in der Gartengestaltung

Metalle, insbesondere Eisen und Stahl, aber auch Aluminium, Bronze und Kupfer, seltener Gold kommen in vielfältiger Weise im Garten zur Verwendung. Bei konstruktiven Teilen muss darauf geachtet werden, dass die Metalle dauerhaft korrosionsfest sind.
Energetisch sind Metalle sehr unterschiedlich zu bewerten. Im Zerstörungszyklus der chinesischen Geomantie (Feng Shui) heißt es: Metall zerstört Holz. Das heißt, dass Metalle dem pflanzlichen Wachstum entgegenwirken. Ein einzelner Kupfernagel kann einen Baum töten, Aluminium, das im Boden durch Fäulnisprozesse unter Luftausschluss entsteht, ist ebenfalls ein Pflanzengift, Eisen verändert die Ladungsverhältnisse im Boden, das Erdmagnetfeld, und ist der Werkstoff für landwirtschaftliche Gerätschaften jeder Art. Daher sollten Metalle im Garten eher für einen Impuls und konstruktive Montageteile, denn für großformatige Bauten und Flächen eingesetzt werden.

Eisen und Stahl

Rostoptik und Konstruktionsteile aus Eisen und Stahl kommen im Garten vielfältig zum Einsatz, nicht zuletzt wegen ihres günstigen Preis-Leistungs-Verhältnisses. Aus der Sicht eines Kraftgartens ist dieses Material jedoch leider nicht für den großflächigen Einsatz geeignet. Stahl hat einen starken Einfluss auf das natürliche Erdmagnetfeld. Dies kann zu Anspannung und Stress führen und steht dem Wunsch, einen Erholungs- und Entspannungsraum zu erschaffen, natürlich konträr gegenüber. Als Konstruktionsmaterial verwendet, müssen Stahlteile verzinkt, am besten feuerverzinkt sein. Stahlteile in Rostästhetik sollte eine massive Qualität aufweisen, um dauerhaft zu halten.

Edelstahl

Edelstahl ist dauerhaft korrosionsfest und in hoher Qualität nicht magnetisch. Er hat daher keinen oder nur geringen Einfluss auf das Erdmagnetfeld. Abgesehen davon erzeugt Edelstahl großflächig eingesetzt nicht gerade eine gemütliche Atmosphäre. Ich verwende es gestalterisch gerne als hochwertiges, konstruktives Detail, bei Zäunen, Geländern, Rankelementen oder Lampen. Insbesondere zusammen mit Harthölzern und Sedimentgesteinen wie Sandstein und Muschelkalk kann hiermit eine klare, offene Stimmung erzeugt werden. Zusammen mit Graniten und anderen Hartgesteinen wirkt es eher kalt und distanziert.

Metalle im Garten haben oft eine spannungsgeladene Präsenz und Ausstrahlung. Die Auswahl des Metalls macht hierbei große Unterschiede.

Aluminium

Aluminium kann in entsprechender Stärke gut als leichtes Konstruktionsmaterial mit Wasserkontakt eingesetzt werden. Es harmoniert auch sehr gut mit Hartgesteinen, beispielsweise als Lampenabdeckung.

Kupfer

Als Lampengehäuse und künstlerischer Werkstoff kann Kupfer zum Einsatz kommen. Es gibt witzige künstlerische Installationen aus Wasserleitungen, an denen sich auch ein Laie versuchen kann. Auch kann eine klassische Dacheindeckung aus Kupfer für elegante Pavillons einen wertvollen Höhepunkt eines parkähnlichen Gartens darstellen. Interessant sind Werkzeuge aus Kupferlegierungen, die einen positiven Einfluss auf die Ladungsverhältnisse im Boden haben. Arbeite ich mit Eisengeräten eher gegen den Boden an, so scheint das Kupferwerkzeug fast wie von selbst in den Boden gezogen zu werden.

Bronze und Messing

Ästhetisch hochwertig und dauerhaft für den Außeneinsatz geeignet sind Accessoires und Kunstwerke aus Bronze und Messing. Dies können Wasserhähne und Schlauchkupplungen, Messingbeschläge an Gartenmöbeln sein sowie an Steinen und Pfosten verwendungsfremd montierte Messingaccessoires. Kleine Bronzeplastiken werten jeden Raum auf und erfüllen ihn mit ihrer machtvollen Präsenz.

Gold

Ich möchte hier nicht über goldene Wasserhähne philosophieren, sondern vielmehr über Details, die durch Blattgold veredelt wurden und besondere Impulse in bestimmte Bereiche des Gartens tragen können. Besonders ansprechend empfinde ich mit Blattgold belegte Details in Sandsteintafeln und Wandbildern.

Kunststoffe

In den letzten Jahrzehnten haben immer mehr Kunststoffe in die Gartengestaltung Einzug gehalten. Sie erfüllen als leichte und stabile Baustoffe viele Aufgaben, die mit anderen Werkstoffen oft nur unter hohem Materialeinsatz ausgeführt werden könnten, beispielsweise als statische Baustoffe, als Betonzusatz, zur Stabilisation von tragenden Untergründen. Bei Ausstattungsgegenständen ersetzen Kunststoffe immer mehr schwere, teure oder pflegeaufwendige Anteile. Preis und Gewicht sind somit auch die Argumente für den Kunststoffeinsatz.

Allerdings gibt es nichts, was für die Ewigkeit gemacht ist. Insbesondere Kunststoffe sehen mit Patina zunehmend unattraktiv aus – auch wenn moderne Kunststoffe wesentlich länger den Glanz des Neuen erhalten können. Die unangenehme energetische Wirkung von gealterten Kunststoffen ergibt sich hauptsächlich aus der Tatsache, das Kunststoffe offenbar eine starke Anziehungskraft auf alle möglichen künstlichen toxischen Stoffe in unserer Umwelt haben. Kunststoffe geben nicht nur ihrerseits giftige Stoffe ab, sondern sammeln auch allerlei giftige Stoffe an ihrer Oberfläche an. Dies geschieht oft erst nach vielen Jahre der Verwitterung.

Ich versuche, den Einsatz von Kunststoffen so weit wie möglich aus der Gartengestaltung fernzuhalten. Insbesondere den Beimischungen als Bodenhilfsstoff stehe ich skeptisch gegenüber.

Geringes Gewicht und Witterungsbeständigkeit sind die beiden Pluspunkte für den Einsatz von Gartenmöbeln aus Kunststoff.

Gestalten mit Pflanzen

Pflanzen unterstützen uns mit ihrem Wesen und können bewusst für Entspannung und Erholung, positive Inspiration oder Umwandlung von Störenergien eingesetzt werden. Gleichermaßen wichtig für gutes Wachstum sind die Beachtung der Bodenverhältnisse und die richtige Einschätzung darüber, wie viel Zeit und Kraft Sie für die Pflege aufwenden können.

Der belebte Oberboden ist die Grundlage für optimales Pflanzwachstum. Wer in eine gute Bodenvorbereitung investiert, hat bei Pflege und Pflanzerfolg deutliche Vorteile.

Boden ist Leben

Der Boden ist das Wichtigste – aus Sicht der Geomantie und der Pflanzen. Ich bin eigentlich durch den Boden zum Landschaftsbau gekommen, da ich als Baumschullehrling immer wieder feststellen musste, dass die schönste Pflanzengestaltung nichts nützt, wenn der Boden, in den die Pflanzen gesetzt werden sollen, wegen Verdichtung, Bauschutt oder mangels Tiefe und abgrenzender Betonlagen überhaupt nicht für diese Pflanzenauswahl geeignet ist. Es ist also notwendig, die Bodenflächen möglichst optimal vorzubereiten, um die Pflanzenauswahl nicht zu sehr einzuschränken. Dies geschieht am sinnvollsten während der Gartenbauarbeiten. Und da dies nicht von Wegebau etc. zu trennen ist, war ich gezwungen, mich auch mit diesen Themen vertraut zu machen und habe inzwischen genauso viel Freude an der Gestaltung mit Steinen gefunden.

Der belebte Oberboden ist ein Mysterium. Ich finde es immer wieder erstaunlich, wie pflanzliches Leben sich an den unwirtlichsten Stellen etabliert, mit den Jahren eine feine Humusschicht aufbaut und zu immer größeren und höheren Sprüngen emporstrebt, bis ein unwirtlicher Fleck zu einem grünen Dschungel geworden ist. Der Pflanzerfolg ist ganz erheblich vom Zustand und der Lebendigkeit des Bodens abhängig.

Die Energiequalität des Bodens

Energetisch stellt es sich so dar, dass die Pflanzen als Lebewesen eine Aura um sich bilden, d. h. ein energiefluides Feld, welches für sensitive Menschen oder mittels lichtkörperverstärkender Technik auch sichtbar ist. Diese Feld trägt quasi die Information „Lebensfeld“ in sich. Nach dem Absterben von Pflanzen bleibt dieses Feld noch einige Zeit erhalten. Es verkleinert sich mit der Zeit und zieht sich dann gänzlich in die Hohlräume, Spalten und Luftkammern des Gesteins oder des Bodens zurück. Diese Information dient der nächsten Pflanzengeneration als Starthilfe. Je energiestärker das zurückbleibende Feld ist und sich erhalten kann, desto vitaler kann die Folgegeneration in die Entwicklung kommen. Der Volksmund spricht auch von der „Fruchtbarkeit des Bodens“. Dass diese Bodenfruchtbarkeit in erster Linie von der Energiestärke des vereinigten Lichtkörpers der Pflanzen bestimmt ist, wird eindrücklich durch diejenigen Landwirtschaftsmethoden bewiesen, die besonders auf der Ebene des Feinstofflichen arbeiten.

Wer in diese Richtung seinen Garten unterstützen möchte, kann auch durch den Einsatz von Bachblüten-Präparaten und homöopathischen Mitteln Erfolge erzielen. Beispielsweise

Die Arbeit an der „Scholle" macht großen und kleinen Gärtnern gleichermaßen Spaß.

kann der Einsatz der Rescue® Remedy von Bach die Folgen eines Verpflanzungsschocks bei Pflanzen mindern. Ich setze dieses Mittel besonders bei Pflanzungen zu „Unzeiten" im Sommer ein. Das homöopathische Pflanzenstärkungsmittel SILPAN® hilft, im Freiland flächig über einen Zeitraum von drei Jahren immer wieder versprüht, die gesamte Bodenstruktur und Pflanzenvitalität zu stärken, sodass die Pflanzen Extremsituationen wie Trockenheit und Frost besser überstehen. Weiterhin konnten gute Revitalisierungserfolge an alten und geschwächten Bäumen und Rosen festgestellt werden. Gesundend und stärkend wirkt es bei regelmäßiger Anwendung an Rosen, Zitrusgewächsen und fördert die Blühfreude von Zimmerorchideen. Außerdem habe ich gute Erfahrung beim Einsatz in Teichen gemacht, um die Wasserqualität nachhaltig zu stabilisieren.

Boden entwässern

Der Gegenspieler für einen guten Boden und ein gesundes Pflanzenwachstum ist ein Überangebot an Wasser. Dies mag zuerst paradox klingen, da doch alle Pflanzen Wasser zum Leben benötigen. Stehendes Wasser, welches nicht abfließen und versickern kann, sowie Böden, die sich durch Wasser stark verdichten und verschlemmen, sind eine Todes- oder Siechtumsprophezeiung für die allermeisten Pflanzen. Eine gute Bodendränage und eine gut belüftete Oberbodendecke sind dagegen ideal für die meisten Pflanzen. In der Landwirtschaft werden Böden oft durch eine Rohrdränage entwässert. Dies ist auch im Hausgarten denkbar, Sie sollten jedoch überlegen, wohin Sie das dränierte Wasser ausleiten wollen. Da Sie meist keinen Graben um Ihr Grundstück haben, muss die Dränageleitung an das Abwassersystem angeschlossen werden. Alternativ können Sie eine Bodenversickerungsanlage oder einen kiesgefüllten Schacht eingraben, um das Bodenwasser dort einzuleiten.

Eine andere Möglichkeit ist es, eine Flächendränage aus einer Sandpackung herzustellen. Hierzu wird der vorhandene Oberboden 20 cm stark abgetragen, 10 bis 20 cm Sand aufgetragen und der Oberboden wieder aufgebracht. Die Entwässerung erfolgt dann wie gehabt über den Boden, nur dass es jetzt eine Zwischenschicht gibt, in der das Wasser schneller versickert als zuvor und der Boden schneller trocknet und sich belüftet.

Boden belüften

Bei der Bodenbelüftung ist das richtige Maß entscheidend. Pflanzen sind nach wie vor Wesen, die eine dichte, feste Grundlage zum Leben benötigen, in der Sie sich verankern können. Ist der Boden zu locker und luftig, ist dies nicht möglich. Darüber hinaus halten lockere, luftige Substrate zu wenig Wasser und trocknen zu schnell aus. Der ideale Lebensraum für eine Pflanzenwurzel sind stabile, bindige (tonige) Böden, in denen es möglichst viele kleine Kammern und Hohlräume

Magere Böden sind ideal für die Gestaltung mit mediterranen Kräutern geeignet. Leider sind viele der aktuellen Kiesgärten auf guten Böden angelegt und im Untergrund nicht optimal ausgeführt. Hierdurch etablieren sich rasch robuste Unkräuter auf den Flächen.

Bodenbearbeitung mit Lichtinformation

Die bio-dynamische Landwirtschaft nach Rudolf Steiner setzt allerlei Präparate und Methoden ein, um die Energiequalität des Bodens zu stärken (Hornmist, Hornkiesel, Kompostpräparate) und kombiniert diese mit einer Förderung der Bodenbelüftung (pflügen, lockern, Kompostzugaben). Die Humusstruktur und die innere und äußere Qualität der Pflanzen nehmen nach einer Zeit der Umstellung auf diese Methoden zu.

Die Findhorn-Gemeinschaft in Schottland arbeitet mit den Pflanzengeistern zusammen. Hier wird das übergeordnete Bewusstseinsfeld der Pflanzen direkt angesprochen und zur Zusammenarbeit eingeladen. Die Ergebnisse sind beeindruckend und erstaunlich zugleich, da Erfolge unabhängig von sonstigen Bodenqualitätsmerkmalen erzielt wurden.

Bei der Bodenpflege gibt es immer wieder etwas zu tun. Wer einen Garten anlegt, sollte dies bei der Planung unbedingt mit bedenken.

gibt, die eine gesättigte Luftfeuchte haben, so wie in einer Dampfsauna. Ein sehr gutes Hilfsmittel für den Dampfsauna-Effekt ist eine Mulchschicht. Sie verhindert eine zu starke Verdunstung des Wassers, dräniert und schafft viele kleine Hohlräume. Ist die untere Mulchschicht in den Rottezustand übergewechselt, wird sie von den Pflanzenwurzeln gerne als Lebensraum genutzt. Die Mulchschicht ist jedoch nur als Abdeckung zu gebrauchen, da sie zum einen zu locker ist, um den Pflanzen genügend Halt zu geben, und zum anderen im unverrotteten Zustand aggressive Säuren abgibt, die dem Pflanzenwachstum entgegenwirken. Setzen wir eine Pflanze in reinen Mulch, wird sie eventuell absterben oder zumindest nicht weiterwachsen.

Bodenstruktur

Entwässerung und Belüftung sind wichtige Bestandteile der Bodenstruktur, dennoch möchte ich an dieser Stelle auf die Wichtigkeit hinweisen, den Boden als Organismus zu betrachten, der Teil des Erdenleibes ist. Oft sehe ich, wie ein wunderbarer, schöner Kompostboden über den vorhandenen Boden gehäuft, dieses Beet dann bepflanzt, bepflegt und bewässert wird. Die Pflanzen sitzen darin wie in einem Blumentopf und sind kaum fähig, ohne menschliches Zutun zu überleben. Wenn mit Bodenhilfsstoffen gearbeitet wird, so ist es wichtig, eine Verzahnung, eine logische Verbindung zwischen dem Boden und dem Hilfsstoff herzustellen. Viele Menschen sind es gewöhnt, die unerwünschten Regungen ihres eigenen Körpers mit einem Mittel einfach und schnell zu beseitigen. Sie wundern sich, wenn ich ihnen sage, dass es auch für den Garten Supermittel gibt, der Einsatz jedoch Folgen hat, die aufwendig beseitigt oder verbessert werden müssen, und zudem nur von kurzfristigem Erfolg ist. Wenn Sie einen lebendigen, vitalen Garten gestalten wollen, so dürfen Sie zwar beherzt und auch mit großer Geste handeln, doch sollten Sie nicht mit der „Holzhammer“-Methode planen, entscheiden und handeln.

Wenn Sie Bodenverbesserungsmaßnahmen ausführen, denken Sie immer daran, dass Boden und Pflanze eng zusammenarbeiten. Die Bodenstruktur sollte von einer unteren bis zur oberen Schicht eine gut verzahnte Einheit unterschiedlicher Ebenen sein. Ein wichtiges Prinzip ist, dass die unteren Schichten mineralischer und die oberen organischer Natur sind. Eine gute Verbindung zwischen den Bodenschichten wird durch den Einsatz von Bodenaktivatoren gefördert (z. B.

Mulchabdeckungen verbessern die Bodeneigenschaften und erleichtern die Pflegemaßnahmen.

von Oscorna®, Neudorff®). Die eingesetzten Bodenhilfsmittel regen die Bodenorganismen zur Aktivität an, sodass sich die Verbindung zwischen den alten und neuen Schichten beschleunigt. Auch durch oberflächigen Auftrag wird die Belebung eines ausgelaugten Bodens, z. B im alten Gehölzbestand gefördert.

Überschütteter Oberboden

Eine Problematmosphäre in Gärten, die ich immer wieder antreffe, entsteht aus dem Vergraben großer Mengen belebten Oberbodens. Oberboden gehört, wie der Name schon sagt, nach oben. Diese Situation nehme ich als dumpfe Glocke in einem Grundstück wahr, wie wenn ein Mensch jahrelang seine Gefühle unterdrückt hat und es einem so vorkommt, als wenn dieser Mensch irgendwie gehemmt und unvollständig ist. Ich habe bereits von der Lebensenergieaura der Pflanzen gesprochen. Diese Energie kann in einem fruchtbaren Boden lange gespeichert bleiben und wirkt dann wie eine unterdrückte Lebendigkeit in die Stimmung unseres Gartens hinein. Sie können sich vorstellen, dass dies keinen förderlichen Einfluss auf den Erholungswert eines Gartens haben kann. Daher sollte dieser Zustand vor einer Gartengestaltung möglichst aufgelöst oder zumindest an einem Punkt „belüftet" werden. Dies kann beispielsweise durch den Bau eines eingesenkten Gartens geschehen, der bis auf die überschüttete Schichtung herunterreicht.

Lösungsvorschläge für Problemböden

Grundsätzlich geht es darum, Bodenbelüftung und Wasserhaushalt in Ausgleich zu bringen. Die folgenden Maßnahmen verbessern die Struktur aller Böden, egal, ob es sich um feste, lockere oder trockene Böden handelt. Wichtig ist, dass Sie die Maßnahmen regelmäßig ausführen und sich in Geduld üben.

Kurzfristig: Mithilfe von Grabegabel, Spaten, Rechen und Hacke die Bodenbelüftung fördern. Durch Auftragen einer Mulchschicht die Austrocknung reduzieren und das Bodenleben durch zusätzliche organische Dünge- und Kompostgaben aktivieren. Bei hohem Grundwasserstand ohne Dränagemöglichkeit das Beetniveau durch Aufschüttung erhöhen.

Mittel- und langfristig: Ausbringen eines Bodenaktivators (1–2 x / Jahr), Verzicht auf mineralische Dünger bzw. Austausch gegen organische Dünger- oder Kompostgaben (2–3 x / Jahr), Mulchschicht 1 x / Jahr auffrischen, Einsatz von SILPAN® als Sprühnebelgabe (wenige Tropfen pro Füllung) bei Neupflanzungen und im Boden- und Laubbereich der Pflanzen (anfangs alle 14 Tage, dann längere Abstände wählen, im 2. und 3. Jahr nur noch 4 x / Jahr, danach 1 x / Jahr).

Rasenflächen, die viel genutzt werden, benötigen mehr Nähr- und Hilfsstoffe, um sich schnell wieder zu regenerieren.

Der Bodenaufbau ist bei der Rasenanlage einer der wichtigsten Erfolgsbestandteile.

Rasen – der grüne Rahmen

Rasen ist auch ohne Geomantie betrachtet schon ein Mythos für sich. Die Legende des englischen Rasens, die auch durch die Golfplatzästhetik genährt wird, entspricht unseren Vorstellungen eines „guten Rasens". Rasen symbolisiert wahrscheinlich die Reinheit, Größe und Stille von Steppengebieten, die die Erfahrung der Einsamkeit und gleichzeitig der Einheit mit einem Schöpfergott beinhaltet. In diesem Sinne ist der Rasen auch die Spielwiese unserer unbegrenzten schöpferischen Fantasie, die Kinder und Erwachsene gleichermaßen animiert zu spielen, sich niederzulassen, zu träumen. Ein Rasen bietet im Garten eine gute Möglichkeit, große, ruhige, immergrüne, belebte Freiflächen zu gestalten, die relativ einfach instand zu halten sind – wobei einfach nicht pflegeleicht bedeutet. Um Gartenbilder zu kreieren, verwende ich Rasenflächen als Ruheflächen und als Rahmen für belebte und vielfältig gestaltete Gartenteile.

Der Weg zum perfekten Grün

Ein „guter Rasen" im obigen Sinne braucht eine kenntnisreiche Pflege und folgende Voraussetzungen, damit die Pflege überhaupt zum Erfolg führen kann: gut belüfteter Oberboden, Licht, funktionierende Wasserversorgung (besonders in Hitzeperioden), optimale Nährstoffversorgung sowie regelmäßiger, angemessener Schnitt.

Den belüfteten Oberboden erreicht man auf bindigen (tonigen) Böden durch Sandeintrag. Bei hohen Ansprüchen sollte der Rasen eine Flächendränage erhalten und ein sandighumoses Rasensubstrat als Oberschicht erhalten.

Auf Sandböden gelingt ein Rasen meist einfacher. Hier ist eher der Zusatz von Bodenhilfsstoffen wie Bodenaktivatoren und Humusbildnern erforderlich sowie eine schnell verfügbare Wasserversorgung. Moderne, professionelle Regner und eine zeitgesteuerte Beregnung sind verlässlich und verbrauchen verhältnismäßig wenig Wasser bei großer Effizienz.

Die Erstellung eines Rasens gelingt bei guter Bodenvorbereitung durch Aussaat ausreichend gut. Ich verwende gerne eine feine Saatschicht aus dunkler Blumenerde oder feinem Kompost, um die Bodentemperatur bei Sonneneinstrahlung zu steigern und gleichzeitig ein schnelles Austrocknen zu verhindern.

Fertigrasen ist in den letzten Jahren in Mode gekommen und daher auch gut verfügbar. Die Vorteile ergeben sich aus einem dichtfilzigen, beikrautfreien Rasen, den wir in Eigen-

Beikräuter im Rasen (links) zeigen eine ungenügende Versorgung der Gräser an. Oft ist die Bodenreaktion (pH-Wert) zu niedrig, sodass vorhandene Nährstoffe nicht aufgeschlossen werden können. Kalken (rechts) erhöht den pH-Wert des Bodens.

leistung fast nicht hinbekommen – auch wenn sich diese Dichtigkeit innerhalb von zwei bis drei Jahren wieder verliert. Die Mähr ist, dass der Rasen sofort benutzbar ist. Fertigrasen benötigt zum festen Verwachsen mindestens vier Wochen und sollte bis dahin möglichst nicht betreten werden. Ein weiteres Manko ist der große Wasserbedarf, wenn der Rasen während der Wachstumsperiode gelegt wird. In den ersten Tagen sollte der Rasen „schwimmen" und darf auch über den Tag nicht austrocknen. Das kann schwierig werden, wenn gleichzeitig die Gefahr von Verbrennung durch eine von Wasserlinsen verstärkte Sonnenstrahlung auf der Blattoberfläche besteht. Umgehen Sie diese Probleme, indem Sie Fertigrasen möglichst in regenreichen Jahreszeiten verlegen. Ein Herbst-, Winter- oder Vorfrühlingsrollrasen ist dann bei Beginn der Gartensaison sofort voll benutzbar.

Rasenpflege

Ein beliebter Fehler ist zu tiefes Mähen: Das Gras vertrocknet, die Rasenbeikräuter wachsen dicht mit flachen Blattrosetten und verdrängen am Ende das Gras. Außerdem freut sich das Moos über die gute Belichtung. Es explodiert dann förmlich, sobald nach einer längeren Trockenperiode der erste Regen fällt. Zudem ist es gegenüber den sauren Wurzelausscheidungen der Bäume toleranter als das Gras. Die Mähregel lautet: Gras höher stehen lassen und öfter mähen. Dann fällt auch nicht so viel Rasenschnitt auf einmal an. In Trockenperioden sollte der Rasen 4 cm hoch geschnitten werden, in feuchten Perioden 2 bis 3 cm. Vor dem Winter dann noch mal ganz kurz schneiden und mit Kalk bzw. Bodenaktivator versorgen!

Gedüngt wird im Normalfall dreimal jährlich (April, Juli, September / Oktober). Bei intensiver Nutzung empfiehlt sich vor oder nach der Beanspruchung eine zusätzliche Düngergabe. Menschen, die an einem langfristigen Rasenerfolg interessiert sind, sollten sich für einen organischen Rasendünger entscheiden. Zusammen mit einem Bodenaktivator mit Naturkalkanteil entwickelt sich innerhalb weniger Jahre ein pflegeleichter Superrasen. Der nachhaltig belebte Boden sorgt für eine gute Rasengesundheit und optimale Puffereigenschaften bei Trockenheit.

Eine Bewässerung ist vor allem in längeren Trockenperioden notwendig. Besonders im Wurzelbereich von Hecken und Bäumen ist ein erhöhter Wasserbedarf vorhanden. Bei hohen Ansprüchen empfiehlt sich der Einbau einer Bewässerungsanlage.

Rasentypen

Zierrasen: Ein Fall für Ästheten, die Aufwand und Kosten nicht scheuen, um ihren Blick über einen „perfekten" Rasen gleiten zu lassen. Pflege: Dieser Rasen hat hohe Ansprüche und will stete Aufmerksamkeit. Je besser die Vorbedingungen des Bodenaufbaus, der Wasserversorgung und die Kontinuität beim Mähen sind, desto geringer ist der Pflegeaufwand.

Spiel- und Sportrasen: Standardrasen für alle Privatgärten. Pflege: Bodenbelüftung, regelmäßige Düngung, Herbstkalkung, Sommerbewässerung und angemessener Schnitt.

Schattenrasen: Rasenmischung, die mit schattentoleranten Gräsern ergänzt wurde – wächst nicht im tiefen Schatten. Pflege: Das größte Problem in schattigen Lagen ist weniger das Licht als die Wurzelkonkurrenz von Gehölzen. Hier sollte mehr gedüngt, gekalkt, gegossen und möglicherweise weniger tief gemäht werden als in den anderen Rasenzonen.

Kräuterrasen: Wildkräuter bilden durch regelmäßigen Schnitt flach liegende Blattrosetten und Ausläufer. Während das Gras durch extrem kurze Schnitte, Trockenheit und zunehmende Lichtkonkurrenz verschwindet, erlangen die Kräuter die Oberhand. Pflege: Kräuter wachsen wenig in die Höhe, die Schnittintervalle werden dadurch länger. Viele dieser Kräuter können als Salatzugabe verwendet werden.

Wird der Rasen stets gut versorgt und gepflegt, haben Beikräuter wenig Überlebenschance. Einzelgänger sollten baldigst punktuell entfernt werden. Unkrautteppiche können durch gute Wasser- und Nähstoffversorgung zu einem hohen Blattstand angetrieben und mit einem Rückschnitt auf 4 cm im Idealfall aller Blätter beraubt werden. Wird diese Prozedur öfter wiederholt, hat man gute Chancen, den Beiwuchs zu reduzieren.

Zusätzlich unterstützt einmal jährliches Vertikutieren, bei dem der Rasenfilz gelockert und das Moos ausgekämmt wird, einen guten Rasen zu erhalten.

Zur Belüftung kann man sich im Hausgarten mit dem flächigen Auftragen von Sand in 1 bis 2 cm Stärke behelfen, am besten im zeitigen Frühjahr, sodass der Rasen sich dann gut durch die Sandschicht schieben kann.

Als Rasenschädling ist mir aus meiner Praxis nur die Wiesentrespe bekannt, deren Larven sich an den Rasenwurzeln gütlich tun. Einen Befall erkennt man an gelben Flecken auf der Rasenfläche und erwachsenen Insekten, die wie Mücken über dem Rasen auf- und abfliegen. Gute Abhilfe bringt der umweltfreundliche Nützlingseinsatz mit sogenannten Nematoden (winzige Fadenwürmer), die per Gießkanne ausgebracht werden. Abschließend kann ich empfehlen, den Rasen einmal jährlich im Herbst zu kalken bzw. mit Bodenaktivator zu versorgen. Bei ausgelaugten Böden kann dies in den ersten zwei, drei Jahren zusätzlich auch im Frühjahr und Sommer erfolgen. Auf schweren Böden empfiehlt sich das jährliche Auftragen einer Sandschicht von 2 bis 3 cm auf die kurz gemähte Rasenfläche. Keine Angst: Der Rasen wächst durch die Sandschicht wieder hindurch. Bei dieser Maßnahme können auch Unebenheiten gut ausgeglichen werden. Bei sandigen und armen Böden empfiehlt sich die gleiche Maßnahme mit einer Schicht feinem Kompost oder Blumenerde, eventuell nur 1 bis 2 cm stark, wegen der stärkeren Verdunkelung.

Bei solchen Baumpersönlichkeiten erleben viele Menschen ein Gefühl von Schutz und Geborgenheit. Viele erinnern sich an Kindertage, als sie in Baumwipfeln hingen, unsichtbar und scheinbar unerreichbar die Welt aus diesem eigenen kleinen Kosmos heraus beobachtend.

Die Macht der alten Bäume

Große und mächtige Bäume lassen in jedem Menschen ein Gefühl der Ehrfurcht, der Bewunderung und der Achtung aufsteigen. Ein alter Baum ist ein Wesen von einnehmender Präsenz.
Neben der gut erforschten biologischen Leistung, die ein einzelner Riese für Klima und Fauna erbringt, ist es zusätzlich eine Art emotionale Wertigkeit, die ein solcher Baum für uns Menschen bereitstellt. Ortsidentität, Verbundenheit mit einer Stadt und einer Landschaft und Heimatgefühl definieren sich oft über die Anwesenheit von alten Parkanlagen, alten Alleen und beeindruckenden Wäldern. Die Tanz- oder Richt-Linde war in alten Ortschaften oft der Gemeinsinn stiftende Mittelpunkt und wurde von der Bevölkerung verehrt und gepflegt.

Netzwerk der Leben schaffenden Sphäre

Weiterhin erbringen ausschließlich alte Bäume eine bisher wenig beachtete Leistung für die reproduktiven Kräfte der Erde, die jedoch bei Naturvölkern seit jeher bekannt ist. Ausschließlich Bäume eines gewissen Alters, ab ungefähr 100 Jahren, sind mit ihrem Wesen mit den mentalen Schöpfungskräften der Erde verbunden.

Der mentale Äther, also die Ebene der konzeptionellen Ideen und Baupläne, die zur Erschaffung aller Lebewesen erforderlich sind, umströmen die Erde. Sie ähneln einem Netzwerk aus Bildern, wie wir sie von der Kunst indigener Völker her kennen. Diese Urbilder enthalten nicht nur grundsätzliche Wesensinformationen aller Lebewesen, sondern auch, wie die einzelnen Lebewesen in Interaktion mit anderen Lebewesen stehen. Dadurch erscheinen Lebewesen immer dann innerhalb einer Lebensorganisation, wenn die entsprechenden Verknüpfungspartner vorhanden sind bzw. verschwinden, wenn diese fehlen.
Dieser Äther durchströmt somit die Kronen der Bäume, die ab einem gewissen Alter in der Lage sind, vermittelnd zwischen Erde und mentaler Schöpferebene zu interagieren. Sie sind, in der Sprache der alten Völker gesagt, die Hüter und Vermittler des Wissens, sie erschaffen in ihrem Saum eine Atmosphäre des Ausgleichs, der Harmonie, Geborgenheit und Vitalität, die die Prozesse der Lebensentwicklung und Lebenserneuerung fördert. Ohne diese großen, alten Bäume ist der Austausch zwischen der impulsgebenden mentalen Sphäre und der formgebenden Körper schaffenden Sphäre der Erde erschwert und stark verlangsamt. Die Folge ist ein Rückgang

der Bodenfruchtbarkeit und der Revitalisierungskräfte der lebendigen und ausgleichenden Natur. Zugleich nehmen auf der gesellschaftlichen Ebene unversöhnliche Spannungen und Konflikte zu. Würde mehr auf den Erhalt, die Pflege und die Neuanpflanzung von solchen Baumwesenheiten geachtet, gäbe es in landbaulichen und auch in zwischenmenschlichen gesellschaftlichen Fragen weit aus weniger Probleme und Spannungen – dessen bin ich mir ganz sicher.

Das heimliche Sterben

Leider werden die großen und alten Bäume auf unserem Planeten immer weniger. Nicht nur durch die weiterhin zunehmende Rodung in Urwaldgebieten, sondern auch im kultivierten Mitteleuropa verschwinden immer mehr alte Baumbestände. Zum einen sind es die immer größer werdenden Bebauungsflächen im ländlichen Bereich, der zunehmende Straßenbau und zum anderen sind es die Baumverluste in Gärten und Straßen, die, wie ich meine, in den letzten Jahren stark zugenommen haben. Es ist zwar richtig, dass es für diese Verluste Ausgleichsflächen und Nachpflanzungen gibt, doch viele junge Bäume können keinen großen, alten Baum ersetzen. Die stetig wachsende Bevölkerung und Ausdehnung der urbanen Lebensräume verbrauchen große Landflächen. Große Bäume benötigen zwar einen gewissen Raum, haben aber die Fähigkeit, die Naturkräfte auch innerhalb eines überbauten Raumes aufrechtzuerhalten und zu fördern, insbesondere wenn man ihnen zugesteht, innerhalb eines Netzwerkes von alten Bäumen zu stehen, welches unsere Städte und Ortschaften überspannt und in einer besonderen Weise zu schützen versteht.

Die elegante Rot-Buche (Fagus sylvatica) *ist der König der mitteleuropäischen Wälder. Seine mächtige Krone kann 400 Quadratmeter Fläche pro Baum überspannen.*

Bäume können Zeugen lang vergangener Zeiten sein. Dass ein Lebewesen viele Epochen unserer Geschichte miterlebt hat, ist für uns schwer vorstellbar.

Neuausrichtung unseres Bewusstseins

Ich habe die Hoffnung, dass es für die großen, alten Bäume wieder einmal eine Renaissance gibt und ihr wahrer Wert in das Bewusstsein der Menschen dringt. Im Unterschied zu anderen Teilen der Welt gibt es im mittleren und nördlichen Europa immerhin einen traditionell starken Bezug zu großen, alten Bäumen und Wäldern. Viele Menschen sind sogar bereit, für die Rettung eines großen Baumes ihr Leben zu riskieren. Der Baum kann hier durchaus stellvertretend für die eigene Hilflosigkeit gegenüber einer Unrechtshandlung gesehen werden. In Zukunft könnten bereits in der Planungsphase von Baugebieten und städtischen Veränderungen Großbäume als feste Bestandteile und besonders mit genügend Platz eingeplant werden. Leider werden die Plätze heutzutage sehr eng bemessen, sodass Stadtbäume von Anfang an auf eine kurze Lebensspanne ausgelegt sind, da es zu viele Konflikte mit Anliegern und Sicherheitsinteressen von Verkehrsteilnehmern gibt. Diese Zeit reicht leider nicht aus, um ein Netzwerk der alten Bäume zu erschaffen.

Der Grüne Mann ...

... ist in unserem Bewusstsein eine ausgestorbene Spezies. Manchmal entdecken wir ihn als Gesicht mit Blätterranken um sein Haupt dargestellt, häufig wachsen ihm Zweige aus Nase, Mund und Ohren. Der Grüne Mann ist in Varietäten überall in Europa, aber auch in Asien zu finden. Wir finden ihn heute fast ausschließlich als Ornamentdetail sowohl im profanen als auch im sakralen Zusammenhang, in keltischen, frühchristlichen bis mittelalterlichen und barocken Darstellungen. In manchen Teilen Großbritanniens wird er allerdings noch mit Festen geehrt. Die Darstellungen sind meistens freundlich. Offenbar ist es eine männliche Wesenheit, die zwar wild und ungezähmt ist, dabei aber überwiegend als gütig wahrgenommen wurde. Ich kann mir vorstellen, dass dies diejenige gütige Naturautorität darstellt, die in Zusammenhang mit dem Wirken der mächtigen Bäume und Wälder gesehen wurde.

Klassischerweise spricht man in Europa von den vier Jahreszeiten. Um mit Pflanzen zu gestalten, bedarf es allerdings einer differenzierteren Einteilung, die sich an vegetativen Rhythmen orientiert, die sich in einer Art Wellenbewegung mit kürzeren Intervallen äußert.

Pflanzengestaltung in den sieben Jahreszeiten

Einen schönen Garten zu haben, der in jeder Jahreszeit etwas zu bieten hat, ist wohl der Wunsch jedes Gartenbesitzers – und zugleich die größte Herausforderung. Wenn wir bedenken, dass über die Hälfte des Jahres im Garten nichts Nennenswertes passiert, zumindest nichts, das mit äußerem Wachstum zu tun hat, müssen wir gut überlegen, welchen Raum wir für welchen Gestaltungsaspekt verwenden wollen. Es ist eben so, dass die Stars des Sommers im Winter meist verschwunden sind oder ihre Schönheit verblasst ist.

Die Hauptjahreszeiten

Ich stelle mir bei einer Pflanzengestaltung am Anfang das Winterbild vor. Dieses Winterbild ist in erster Linie eine Struktur aus immergrünen Gehölzen und Laub abwerfenden Gehölzen, die ein markantes Astgerüst haben. Dann kommen die Sommerstars wie Rosen und Blütenstauden. Sie brauchen sonnige, freie Plätze. Ihre Standorte sollten so interessant gerahmt werden, dass sie im Winter auch leer sein dürfen. Auf diesen Flächen wollen vielerlei Pflanzenarten ihren Platz finden, da die Hauptblühzeit von Anfang Juni bis Mitte September gehen sollte – jede einzelne hat in dieser Zeit aber nur ein kürzeres Blühfenster. Hier ist gutes Vorstellungsvermögen und viel Erfahrung gefragt. Gartenanfänger werden nicht umhinkommen, diese Beete alle zwei bis drei Jahre zu verbessern.

Ein Gestaltungsgrundsatz lautet: Weniger ist mehr! Das heißt, wenige Pflanzen, die gut aufeinander abgestimmt sind, bringen mehr Freude als viele unterschiedliche Pflanzen, die nie richtig zusammenspielen. Wenn Sie mehr wollen, rate ich Ihnen, Ihre Beete als Versuchsanlage zu betrachten, immer bereit zu sein, alles neu und anders umzugestalten. Das ist sehr langwierig, kann aber sehr gute Ergebnisse bringen. Schauen Sie dabei nach den besonders beeindruckenden Entwicklungsmomenten, wenn mit zwei oder mehreren Pflanzen ein wunderschönes Arrangement gelingt, das Sie begeistert. Versuchen Sie genau festzustellen, welche Bedingungen zu diesem Ergebnis geführt haben.

Die Übergangszeiten

Danach kümmere ich mich um die Übergangszeiten. Welche Attraktionen hat die Natur in diesen Zeiten zu bieten? Frühlingsblüher, Sträucher- und Baumblüte, Laubaustrieb, Blattverfärbung, Fruchtschmuck und trockene Blütenstände. Wenn mir ein Aspekt besonders gut gefällt, versuche ich, ihn

Kiefer / Pinie

Platane

Mahagoni-Kirsche

Kupfer-Birke

Die sieben Jahreszeiten des Gartens

Die Zeitangaben für die Jahreszeiten variieren entsprechend der Klimazone und jährlichen Klimaschwankungen.

Jahreszeit	Zeitfenster	Gestaltungsschwerpunkte	Die Botschaft der Natur an uns
Winter	Ab Ende November, Anfang Dezember	Immergrüne Strukturen, charaktervolles Astgerüst von Bäumen und Sträuchern	Zeit der Ordnung, der Struktur, der geistigen Neuausrichtung
Vorfrühling	Teilweise schon ab Ende Januar, bis Anfang März	Frühlingsblüher in Gehölzstreifen, frühblühende Sträucher	Zeit der Vorfreude, Inspiration und neuer Ideen
Frühling	Ab Ende März	Laubaustrieb, Blumenzwiebeln, früh blühende Stauden unter Sträuchern, in Mauern, Strächerblüte	Neues Leben entwickelt sich, im Fluss sein, im freudigen Tun – nicht wollen, nicht planen.
Frühsommer	Ab Ende Mai / Anfang Juni	Erste große Blütenwelle im Staudenbeet, teilweise bei Rosen, Rhododendron, Plätze mit fruchttragenden Sträuchern oder Bäumen	Das volle Leben: Die Früchte beginnen sich auszubilden, Ideen und Wünsche beginnen sich zu manifestieren.
Sommer	Ab Ende Juni oder Mitte-Ende Juli	Hecken schneiden, Wiesen mähen, Rückschnitt im Staudenbeet. Stauden, die bis in den Herbst blühen, starten jetzt durch; Gräserblüte.	Die Fülle schwappt über, Ordnung und Struktur müssen wiederhergestellt werden. Sommerfrüchte konservieren.
Spätsommer	Ab Ende August, Anfang September, wenn die kühlen Nächte beginnen	Zweiter Flor an Rosen und Stauden, Beginn der Herbstblüher und der ersten Blattverfärbungen, die Obstreife bringt süße Fülle.	Die Idee eines zweiten Frühlings kommt auf, bei gleichzeitiger Gewissheit des nahen Herbstes.
Herbst	Ab Mitte Oktober, Anfang November, wenn die ersten Fröste Wachstum und Blüten zum Stillstand bringen	Fruchtschmuck, Laubfärbung, Gräserblütenstände, Hortensienblüten	Zeit der Verwandlung beginnt, das Reifen und Vollenden in Schönheit, Bewusstsein vom Ende alles Irdischen.

in meine Planung mit einzubeziehen – beispielsweise, wenn ich die Gehölzauswahl verändere. Wenn es gar nicht passen will, muss ich mich entscheiden, das Konzept noch mal umzubauen oder auf die Pflanze zu verzichten. Es ist leider so, dass wir nicht alles, was uns gefällt, in unserem Garten unterbringen können. Insbesondere, wenn es danach noch attraktiv aussehen soll.

Gestalten mit Rhythmen, Farben und Formen

Planen Sie Pflanzengesellschaften als musikalische oder theatralische Komposition. Wer spielt die Hauptrolle, wer die Nebenrolle? Welches Umfeld stärkt die Handlung, bindet sie ein und lässt die Szenerie am besten wirken? Treffen Sie eine Entscheidung für ein bestimmtes Beet – einfach, klar und kompromisslos. Einige Meter weiter können Sie nach dem gleichen Prinzip eine weitere Bühne erschaffen,

Die Hauptrolle in einem Beet könnte ein Pflanzensolitär, ein Formgehölz, ein Findling oder eine Skulptur spielen. Die Nebenrollen sollten in einem Spannungsverhältnis zur Hauptrolle stehen. Beispielsweise eine Strauchrose und drei unterschiedlich große Buchskugeln. Das Umfeld, die Kulisse, wird durch Blüh-, Blatt- oder Strukturaspekte gestaltet, die entweder die Hauptrolle durch ihre Ähnlichkeiten verstärken oder durch konträre und ergänzende Impulse klarer herausstellen, z. B. niedrige Stauden oder Zwiebelblumen. Der Hintergrund kann schlicht und still sein und somit die Handlung durch eigene Impulse unterstützen oder in den Blühpausen für Abwechslung in der Szenerie sorgen.

Zur Gestaltung von Beeten ist es wichtig sich für einen „Hauptakteur“ zu entscheiden in diesem Fall ist es eine Farbe. „Magenta“ spielt hier die Hauptrolle, der sich die anderen Gestaltungsteile unterordnen müssen.

Landschaftsstimmungen einfangen und als Gartenbild (s. u.) umwandeln – das ist ein spannender Ansatz, der sich gut mit den Blühstimmungen von Pflanzen umsetzen lässt.

Im Gartenbild wird die Form den Gegebenheiten der Perspektive angepasst. Die einzelnen Blühaspekte erschaffen saisonal die unterschiedlichen Stimmungen

Ähnlich wie auf einer Theaterbühne erschaffen die Heckenzeilen eine künstliche Raumtiefe.

Grundsätze zur Pflanzenwahl

1. Weniger ist mehr.
2. Zu wenig ist langweilig.
3. Nutzen Sie Bücher als Orientierung, um einen Überblick über die Möglichkeiten zu erhalten. Für konkrete Gestaltungsfragen finde ich Bücher jedoch weniger praktisch, da die Standorte schwer zu standardisieren sind.
4. Über den Gartenzaun zu gucken und sich mit anderen auszutauschen, lohnt sich: Vergleichbare Standorte suchen und schauen, was gut funktioniert, und auch genau gucken oder fragen, warum es funktioniert.
5. Erkundigen Sie sich über das Wuchsverhalten der Pflanzen. Stark versamende oder wuchernde Pflanzen sind zu meiden (je nach Boden verhalten sie sich jedoch anders).
6. Bei Gehölzen ist es wichtig, zu wissen, wie diese sich innerhalb von zehn Jahren entwickeln könnten. Werden sie wesentlich größer als zum Zeitpunkt der Pflanzung, dann füllen Sie anfangs den zukünftigen Platzbedarf mit Bodendeckern oder Stauden auf, die später verdrängt werden können.
7. Bambus-Rat: Sparen Sie nicht an Schutzabgrenzungen und Wurzelsperren.

Heckenzeilen

In kleinen Gärten, die mitten in einer Siedlung liegen, fühlt man sich oft beengt – es fehlt an Aussicht. Mithilfe von geschnittenen Heckenzeilen (s. o.) entsteht ein Gefühl von Raumtiefe, die an die Aussicht über Hügelketten erinnert. Der Heckenschnitt wird so ausgeführt, dass das Auge den verschiedenen Raumebenen folgt und in die Ferne geleitet wird. Die Zwischenräume der Hecken werden mit unterschiedlichen Blühaspekten gefüllt, z. B. hellblaue Reflexe aus Schwertlilien *(Iris barbata)* und Glockenblumen *(Campanula)* im Mai / Juni. Danach steigen die Blütenbälle der Hortensie (*Hydrangea arborescens)* 'Anabelle' empor, die später mit weißen und gelben Reflexen aus Brandkraut *(Phlomis)* und Gelbem Eisenhut *(Aconitum lycoctonum)* und Gräserblüten von Garten-Reitgras *(Calamagrostis* x *acutiflora)* oder Chinaschilf *(Miscanthus sinensis)* begleitet werden. Im Winter gestalten Raureif und Schnee die Schwünge der Eibenhecke.

Im modernen Nutzgarten ist die gestalterische Qualität dieses Gartenteils ebenso wichtig wie pflanzenbauliche Aspekte.

Essbare Gärten

Die Erfahrung des Gartens als Geschmackserlebnis und Nahrungslieferant ist sehr wichtig, um einen umfassenden Kontakt mit unserem persönlichen Naturraum Garten zu erhalten. Viele Menschen entscheiden sich heute wegen Zeitmangels gegen einen Nutzgarten. Es gibt jedoch einige Möglichkeiten, mit geringem Aufwand diesen Zusatznutzen herzustellen. Auch viele Ziersträucher haben bedingt essbare Früchte, ebenso gibt es Stauden und Kräuter mit essbaren oder würzigen Blättern, Blüten oder Knollenwurzeln. Diese sind zwar in ihren Mengen meist weniger ergiebig als Kultursorten, aber die innere Qualität wild wachsender Pflanzen mit ihren meist in höheren Konzentrationen enthaltenen Inhaltsstoffen ist sehr gut. Genau dies ist für mich ein wichtiger Aspekt, wenn wir von einem Garten der Kraft reden.
Viele wilde Kräuter und Beeren können unsere tägliche Nahrung würzen oder finden als Fastenspeise Verwendung.

Wenn Sie Pflanzen für Ihre eigene Nahrung erzeugen wollen, sollten Sie den Essgartenbereich nicht ins letzte Eck schieben, sondern den günstigsten Platz auswählen. Gemüsepflanzen brauchen Sonne, lieben einen lockeren, nicht zu nassen Boden und kümmern auf Störzonen. Mit gestalterischen Mitteln kann dieser Bereich ästhetisch gut in den Erholungsgarten integriert werden. Seien es mit Buchsbaum umrahmte Flächen, eine Schraffurgestaltung in Kombination mit Blütenstauden oder schön gestaltete Hochbeete.

Wildkräuterküche – essbare Blätter

Da unsere Wildkräuter am angenehmsten als zarte Triebe schmecken, pflücke ich nur die innersten kleinen Blattknospen, mische alles zusammen, hacke es auf einem Küchenbrett sehr fein und menge es unter den Salat. Geeignete Salatbeigaben sind Löwenzahn, Sauerampfer, Vogelmiere, Wegerich und Gundermann. Sie können aus den gleichen Kräutern auch ein intensives Blattmus herstellen, indem Sie dies direkt mit Olivenöl und Essig anmachen und zu allen Mahlzeiten als appetit- und verdauungsanregende Beigabe reichen. Blätter von Brennnessel und Giersch können wie Spinat blanchiert werden. Für das Ausbacken in Bierteig oder Ei eignen sich alle dickeren, essbaren Blätter wie Brennnessel, Beinwell, Salbei.

Mehr als nur dekorativ – essbare Blüten

Sammeln Sie essbare Blüten von Kräutern oder Blumen, wenn sie gerade aufgeblüht sind, und zupfen Sie die Blütenblätter

Felsenbirne

Kornelkirsche

Mahonie

Berberitze

Essbare Früchte

Name	Beschreibung	Verwendung
Apfelbeere *(Aronia melanocarpa)*	Die Apfelbeere ist ein unauffälliger Strauch, der in jedem Garten einen Platz findet. Gelangte in den letzten Jahren zu gewisser Berühmtheit, da seine Beeren den gleichen Farbstoff wie Rotwein enthalten.	Der gesunde Saft aus den Aronia-Beeren schmeckt zusammenziehend.
Berberitze *(Berberis* spec.)	Als Gartenpflanze ist die Berberitze etwas aus der Mode gekommen, allerdings bringt dieser Heckenklassiker alljährlich kleine rote Früchte hervor.	Wagt man sich an die pieksige Ernte, kann man diese als saure, gesunde Beigabe zu Reisgerichten, Süßspeisen usw. verwenden.
Felsenbirne *(Amelanchier lamarckii)*	Weit verbreiteter Zierstrauch aus der Familie der Rosengewächse; seine ornamentale Erscheinung mit dem schönen Astgerüst prädestiniert ihn als Strukturpflanze bei der Pflanzengestaltung.	Die Früchte können roh direkt vom Baum verzehrt und wie Birnen verwendet werden. Oft ist die Ernte so reichhaltig, dass daraus ein Fruchtkompott hergestellt werden kann.
Kornelkische *(Cornus mas)*	Unproblematischer Wildstrauch mit winternaher leuchtend gelber Blüte und ausdrucksstarkem Astgerüst.	Seine Früchte können bei guter Reife im September roh vom Strauch gegessen werden oder zu Marmelade und Kompott verarbeitet werden.
Mahonie *(Mahonia aquifolia, M. racemosa)*	Die in Nordamerika heimische Mahonie gehört zu den Berberitzengewächsen, deren Früchte alle ungiftig sind.	Die sauren Mahonienbeeren ergeben mit Rohrzucker verkocht einen guten Fruchtaufstrich. Ebenso finden sie als Muspaste eine Verwendung zu deftigen Speisen.
Mispel *(Mespilus germanica)*	Dieser auch als Germanenapfel bekannte wunderschöne Kleinbaum ist auch für sehr trockene Lagen auf Kalkböden geeignet. Die Erscheinung erinnert an die Quitte, die Früchte an braune Riesen-Hagebutten.	Die Verarbeitung erfolgt nach Bräunung des Fruchtfleisches. Jetzt ist das Fruchtaroma erst voll vorhanden. Säubern und einkochen der ganzen Früchte bis zur Mus-Konsistenz, passieren und dann als Fruchtmus einkochen.
Türkische Baumhasel *(Corylus colurna)*	Robuster mittelstark wachsender Kleinbaum. Passt dank seines durchgehenden Mitteltriebes und seines gleichmäßig pyramidalen Wuchses hervorragend zu moderner Architektur.	Geschmack und Verwendung sind mit der heimischen Strauchhasel identisch.

ab. Dies ergibt eine zierende und aromatische Beigabe für Salate. Hierzu eignen sich Gänseblümchen, Ringelblumen, Kornblume, Tagetes- und Borretschblüten.
Große Blüten oder Blütenstände, wie die von Zucchini, Schwarzem Holunder oder Taglilie, geben in Ei oder Bierteig gebacken einen dekorativen Appetizer. Die Knospen von Gänseblümchen, Kapuzinerkresse und Löwenzahn können in Salz und Öl eingelegt als Kapernersatz benutzt werden.

Hochbeet

Eine gute Möglichkeit, einen pflegeleichten Gemüsegarten anzulegen, sind Hochbeete. Sie benötigen wenig Platz und können bequem bepflanzt, gepflegt und beerntet werden. Dank eines dichten Besatzes sind hohe Erträge zu erzielen.
Den größten Einsatz erfordert der Aufbau des Hochbeetes. Die Aufbauhöhe von ca. 80 cm und das darin gefasste Erdvolumen erfordern ein stabiles Material, welches den entstehenden Druck bei senkrechten Wänden dauerhaft halten kann. Deshalb bieten sich Holzbohlen, Steinstehlen oder Betonplatten an. Da die Holzbohlen durch eine Dränagebahn von der Erde getrennt werden, bleiben sie dauerhaft erhalten. Um ungebetenen Gästen den Einstieg zu erschweren, werden Hochbeete zum Boden hin mit Hasendraht ausgekleidet. Darauf kommen in Lagen frischer Gehölzschnitt, halb verrotteter, ungesiebter Kompost und eine Lage Grassoden, mit dem Grün nach unten, darauf 20 bis 30 cm Mutterboden gemischt mit Blumenerde oder gesiebtem Kompost.

Hochbeete (oben) lassen sich auch in eine Geländestufe integrieren und fügen sich so optimal in die Gartengestaltung ein. Bei der Beetgestaltung mit Kräutern (unten) entscheidet nicht nur der Küchenverbrauch über die gepflanzte Menge, sondern vor allem die Gestaltungsidee.

Der Geruchssinn ist unser erster und differenziertester Sinn. Mit ihm erfassen wir komplexe Informationswelten, die sich uns als eine Mischung aus Emotions- und Erinnerungsbildern mitteilen.

Impulse durch Duft-, Heil- und Energiepflanzen

Duftgärten

Die Fähigkeit, unsere Umwelt mithilfe der Nase wahrzunehmen, wird als unser 1. Sinn bezeichnet, da er sehr fein ist, als Erstes reagiert und mit den meisten Erfahrungs- und Erinnerungsspeichern verbunden ist. Unsere Erlebnisse in der Natur sind in gleicher Weise mit Gerüchen verbunden und so ist es nicht verwunderlich, dass sich viele Menschen einen Duftgarten wünschen.

Da die Produktion und Verflüchtigung der feinen Öle in der Regel von warmen und luftfeuchten Sphären abhängt, können wir in unseren mitteleuropäischen Breiten Pflanzenaromen weniger intensiv genießen. Es bleibt daher für die meisten von uns ein Erlebnis, das sich auf wenige laue Sommerabende und -nächte beschränkt. Legen Sie einen Duftgarten daher möglichst an einem warmen, sonnigen und windgeschützten Garteneck an, damit sich die Duftöle tagsüber gut entwickeln können und sich abends nicht zu schnell verflüchtigen. Es ist natürlich auch möglich, Duftpflanzen in den Garten zu pflanzen, die Sie sich als duftenden Blumenstrauß ins Haus holen. Viele Pflanzen haben duftendes, aromatisches Laub. Ein Duftgarten mit dem Schwerpunkt auf Laubdüften kann uns daher regelmäßiger mit „Duftduschen" versorgen.

Heil- und Energiepflanzen

In der Volksmythologie haben zauberkräftige Pflanzen einen großen Stellenwert. Über manche, beispielsweise Schwarzen Holunder, gibt es eine ganze Reihe von Erzählungen, wie das Märchen von Frau Holle. Und tatsächlich findet auch die moderne Wissenschaft immer neue Wirksubstanzen in Pflanzen, die das Wissen der Kräuterkundigen bestätigt. Ein Thema, welches ganze Bände füllt. Ich beschränke mich auf wenige Beispiele, die auch gestalterisch interessant sind.

Nadelgehölze

Thuja, der abendländische Lebensbaum, ist ein Baum des Schutzes. Sein süßlich aromatischer Laubgeruch ist sowohl interessant als auch abstoßend. Die Thuja schafft eine vollkommene energetische Grenze. Sie ist geeignet, um sich von unliebsamer Nachbarschaft abzuschotten. Als mediterrane Pflanzung von Einzelsäulen kann ein optisch offener, jedoch energetisch geschlossener Schutzraum über und um das Grundstück geschaffen werden.

Der heimische Wacholder erfüllt traditionell die gleichen Aufgaben wie die Thuja, wobei ich die Thuja für energetisch weitaus kraftvoller einschätze.

Pfingstrose

Fichte

Duft-Schneeball

Zitronen-Melisse

Duftpflanzen

Duftende Pflanzenteile	herb	balsamisch	narkotisch
Laub	Bartblume (*Caryopteris*) Beifuß (*Artemisia vulgaris*) Echter Lorbeer (*Laurus nobilis*) Estragon (*Artemisia dracunculus* var. *sativus*) Heiligenkraut (*Santolina chamaecyparissus*) Katzenminze (*Nepeta*-Arten) Kerbel (*Anthriscus cerefolium*) Maggikraut (*Levisticum officinale*) Oregano (*Origanum vulgare*) Salbei (*Salvia officinalis*) Schwarze Johannisbeere (*Ribes nigrum*) Storchschnabel (*Geranium*-Arten) Studentenblume (*Tagetes*) Wacholder (*Juniperus*-Arten) Weinraute (*Ruta graveolens*) Wermut (*Artemisia absinthium*) Ysop (*Hyssopus officinalis*)	Amberbaum (*Liquidamber styraciflua*) Basilikum (*Ocimum basilicum*) Bohnenkraut (*Satureja montana*) Currykraut (*Helichrysum*) Fichte (*Picea*-Arten) Indianernessel (*Monarda didyma*) Kiefer (*Pinus*-Arten) Lavendel (*Lavandula*-Arten) Majoran (*Origanum majorana*) Rosmarin (*Rosmarinus officinalis*) Tanne (*Abies*-Arten) Thymian (*Thymus vulgaris*)	Buchsbaum (*Buxus*-Arten) Christrose, Nieswurz (*Helleborus foetidus, H. niger*) Diptam, Brennender Busch (*Dictamnus albus*) Frischgrüner Lebensbaum (*Thuja plicatum*) Pfaffenhütchen (*Euonymus alatus, E. europaeus*) Sadebaum (*Juniperus chinensis*) Schwarzer Holunder (*Sambucus nigra*) Tränendes Herz (*Dicentra spectabilis*) Wasserdost (*Eupatorium cannabinum*) Wurmfarn (*Dryopteris filix-mas*)
Blüten	Engelwurz (*Angelica archangelica*) Johanniskraut (*Hypericum perforatum*) Muskateller-Salbei (*Salvia sclarea*) Pfingstrose (*Paeonia lactiflora, P. officinalis, P. suffruticosa*) Ringelblume (*Calendula officinalis*) Studentenblume (*Tagetes*)	–	Duft-Schneeball (*Viburnum carlcephalum, V. bodnantense* 'Dawn') Flieder (*Syringa vulgaris, S. chinensis*) Funkie (*Hosta plantaginea*) Gartenjasmin (*Philadelphus*) Geißblatt (*Lonicera*-Arten) Hyazinthe (*Hyacinthus orientalis*) Immergrüne Ölweide (*Elaeagnus ebbingeii*) Madonnen-Lilie (*Lilium candidum*) Nachtviole (*Hesperis matronalis*) Seidelbast (*Daphne*) Waldmeister (*Galium odoratum*) Wald-Phlox (*Phlox divaricata* ssp. *divaricata*) Zitrusgewächse (*Citrus*)

Sonnige Hänge sind für Duftpflanzen ideal, um möglichst viel ätherische Öle anzureichern.

fruchtig

Minze (*Mentha* x *piperita* var. *citrata*)
Kaskaden-Thymian (*Thymus longicaulis* ssp. *odoratus*)
Ruchgras (*Anthoxanthum odoratum*)
Zitronen-Melisse (*Melissa officinalis* 'Limoni')
Zitronen-Thymian (*Thymus* x *citriodorus*)
Zitrusgewächse (*Citrus*)

Bergenie (*Bergenia cordifolia*)
Duft-Veilchen (*Viola odorata*)
Griechischer Bergtee (*Sideritis syriaca*)
Phlox (*Phlox maculata, P. paniculata*)
Rose (*Rosa*-Arten und -Sorten)
Schwertlilie (*Iris barbata elatior* 'Carribbean Dream', 'Lugano', 'Superstition')
Sommerflieder (*Buddleja*-Arten)
Zitronen-Taglilie (*Hemerocallis citrina*)

Die Unterscheidung der Düfte

Duftende Pflanzen werden oft mit speziellen Energiequalitäten und einer spirituellen Schutzkraft in Verbindung gebracht. Seit jeher nutzen die Menschen zum Räuchern Harze, Laub, Rinde oder Holz. Die Zuordnung der Aromen zu den einzelnen Duftnoten ist nicht immer ganz klar. Manchmal werden die dunklen, herben Noten von frischen, fruchtigen Noten überspielt. Für die therapeutische Nutzung sollte eine Duftnote, der wir uns besonders hingeben können, überwiegen und nur mit anderen Einzelnoten ergänzt werden. Narkotische Düfte sind sehr dominant und können mit fruchtigen Noten unterstrichen werden, herbe Düfte hingegen können mit narkotischen sehr unangenehm zusammenspielen.

Herb: Element Feuer. Zusammenziehende und konzentrationsfördernde Wirkung, mobilisiert die innere Stärke.

Balsamisch: Element Erde. Entspannende, beruhigende, kräftigende und reinigende Wirkung.

Narkotisch: Element Wasser. Betörende, verzaubernde Wirkung, fordert zu Hingabe oder Ablehnung auf. Oft giftige Pflanzenteile.

Fruchtig: Element Luft. Erheiternde, den Geist erhellende Wirkung.

In Asien gilt die Kiefer als Ort des Willkommenseins, wo Freunde sich treffen. Die anmutige Stille unter einer großen Kiefer, der aromatische, balsamische Duft, der reine, trockene, fein mit Kiefernlaub bestreute Saum sind für mich stets Einladung, einen Moment innezuhalten und der würdigen Schönheit des Augenblicks zu huldigen.

Die Eibe gilt als Hüter der Unterwelt. Sie kündigt uns als freundlicher Torwächter von einem Leben nach dem Tode. Ihre Vitalität ist beeindruckend, sie schlägt nach starkem Rückschnitt und sogar nach Feuer kraftvoll wieder aus und erfreut uns das Jahr herum mit immergleichem dunkelgrünem Laub. Mythologisch erfüllt sie ähnliche Aufgaben als Schutzbaum für Gärten und Plätze wie die Thuja. Sie erscheint wesentlich freundlicher als diese.

Laubgehölze

Die Linde ist der traditionelle Gesellschaftsbaum. Sie ist dem Menschen vom Wesen her so ähnlich, dass sie uns als alter Baum wie ein weiser Freund erscheint, der uns und alle anderen so empfängt und akzeptiert, wie wir sind. Unter einer alten Linde regieren Toleranz und Verständigung, weshalb sie oft im Mittelpunkt einer Ortschaft gepflanzt wird.

Die Eiche dringt mit ihren Wurzeln tief ins Erdreich ein und ist sogar in der Lage, starke Verdichtungen zu durchbrechen. Ihre Aura verströmt eine Stimmung von zurückhaltender Klarheit, eine besonnene Nüchternheit, die sich nicht mit opulenter, überschwänglicher Freude verträgt. Ihre Anwesenheit im Garten kann all jenen eine Unterstützung sein, die ein unruhiges, inneres Wesen haben. Sie fördert die Entwicklung von emotionaler Tiefe und kann für eine Hinwendung zu einem substanzielleren Lebenswandel hilfreich sein.

Hainbuche ist als klassische Heckenpflanze ein guter energetischer Grenzzieher. Wie uns der deutsche Name schon verrät, ist es eine Schutzpflanze für das Heim. Die kühle Eleganz passt sehr gut zu moderner Architektur.

Kräuter

Salbei gilt als Universalheilmittel. Er fördert die ausgleichenden und reinigenden Kräfte im Organismus. Als Räucherwerk kann er von äußeren energetischen Anhaftungen befreien und wird gerne bei schamanischen Ritualen angewendet. Täglich ein Blatt Salbei zerkaut, hilft Ihnen bei dem Erhalt der Zahngesundheit. Im alten Rom soll es das Allheilmittel bei allen äußeren Erkrankungen gewesen sein.

Duft- und Schutzpflanzen unterstützen die Intention des Kraftortes. Von links nach rechts: Flieder, Salbei, Hainbuche, Heiligenkraut, Lavendel.

Lavendel hat reinigende, erneuernde und stärkende Kräfte. Sein Duft weckt die freudigen Lebensgeister und kann therapeutisch bei Verstimmungen eingesetzt werden.
Heiligenkraut wurde durch die Klostergärten nach Mitteleuropa eingeführt. Der mediterrane Halbstrauch ist bei uns nicht verlässlich, doch meistens frosthart. Der merkwürdige Geruch soll vor Motten und bösen Geistern gleichermaßen schützen.

Stauden und Zwiebelblumen
Geranien, die Klassiker des deutschen Balkonkastens sind nicht nur robust und blühfreudig, sondern wirken auch hervorragend als Abstandhalter für ungebetene Gäste und Fremde.
Die Schwertlilie wird in der Normandie als Schutzpflanze auf den First der reetgedeckten Häuser gepflanzt – als Abwehrpflanze für ungewollte Geistwesen. Auch im chinesischen Feng Shui werden spitzblättrige Pflanzen dazu eingesetzt, Gäste mit unguten Absichten fernzuhalten.
Die Anwesenheit weißer Madonnen-Lilien erweckt Reinheit und Aufrichtigkeit in uns, sodass sich böse Absichten verflüchtigen.

Buchsbaum – schützende Aura

Häufig wohnen Menschen auf Zonen von energiereichen Strahlungsfeldern, die aus der Erde heraus nach oben abstrahlen: Wasseradern bündeln Strahlungsphänomene geologischen Ursprungs wie in einer Linse und lenken Sie oft senkrecht nach oben weiter. Durch die Bündelung entsteht ein energiereicher Strahl, der unseren Organismus belastet. Bei einer Verwerfung ist eine Bruchkante in den Gesteinsschichten für das Strahlungsphänomen verantwortlich. Durch den Bruch und eine Verschiebung innerhalb der Gesteinsschichtung entstehen Irritationen im Energiefeld der Erde.
Wenn Menschen ein biografisches Krebsthema haben, wird dieses durch die geologische Situation unter ihrem Haus oder Schlafzimmer verstärkt und angeregt. Buchsbaum – wie auch die Mistel – wirkt mit einer Art Heilkraft für den betroffenen Naturraum. Er verbreitet eine schützende Aura um den betroffenen Raum. In der Gartengestaltung kann Buchsbaum gut zum Ausgleich von strahlungsbelasteten Grundstücken eingesetzt werden. Seine klare und anspruchslose Erscheinung ist vortrefflich geeignet, ihn als Strukturgeber zu pflanzen.

Differenziert gestaltete Heckenformen erschaffen interessante Gartenbilder. Wem es leicht fällt, diese Formen jährlich einmal wieder zurechtzuschneiden, hat wenig Arbeit mit solchen Gartenelementen.

Wie viel Pflege kann und will ich leisten?

Ein wichtiger Planungspunkt für die Gartengestaltung ist der Pflegeaufwand. Die Intensität der Pflege entscheidet über den Erfolg einer Gartengestaltung. Ist der Pflegeaufwand zu hoch und werden die Arbeiten nicht vollbracht, so verwildert die Anlage und durchsetzungsstarke Pflanzen erobern die Flächen. Oft stellt sich dann eine resignierte „Heckenscherenmentalität" ein, die zusätzlich zum Scheitern einer vielleicht schön geplanten Bepflanzung führen kann.
Es wird immer wieder der Fehler gemacht, dass für gestalterische Maßnahmen wie Wegebau, Mauern etc. sehr viel Geld eingeplant wird und bei der Bodenvorbereitung und Bodenverbesserung gespart wird. Es bedarf oft viel Überzeugungsarbeit im Rahmen der Auftragsverhandlung, den Rotstift nicht bei diesem Bereich anzusetzen.

Bodenverbesserung

Der Gartenbesitzer kann nach Fertigstellung der Gartenanlage durch einen Gartengestalter nur sehen, was vor ihm steht, nicht jedoch, wie die Grundlage dazu aussieht, d.h. ob der Boden für Vegetationsflächen ein gutes und langfristig erfolgreiches Wachstum garantieren kann oder ob eine schlechte Versorgung der Pflanzen sich innerhalb der Folgejahre mehr und mehr zeigt. Dies kann dann zu einem großen Pflegeaufwand und einer unbefriedigenden Entwicklung führen.
Insbesondere auf schweren Böden ist eine Lockerung und Dränage mit Sand wichtig. Eine zusätzliche Kompostgabe aktiviert die Lebendigkeit des Bodens. Die Pflege wird hierdurch erleichtert, da der Boden nicht mehr so zäh und hart wird. Eine gute Bodenbelüftung in Kombination mit hohem Humusanteil und guter Wasserhaltefähigkeit ist für die meisten Pflanzen optimal.
Eine humose Mulchdecke erleichtert ebenfalls die Pflege und sorgt für eine gute Wasser- und Nährstoffversorgung der Kulturpflanzen. Bei der Auswahl des Mulchmaterials ist einiges zu beachten. Beispielsweise sind einige, meist frische Mulche sehr gerbstoffhaltig und können die Blätter von Stauden schädigen. Außerdem benötigen reine Rinden- oder Holzmulche viel Stickstoff für ihren Zersetzungsprozess, der unseren Kulturpflanzen dann fehlt. Ich empfehle daher eine punktuelle Düngung der Pflanzen im Wurzelbereich. Das hat den Vorteil, dass wir dadurch das Pflanzenwachstum fördern, aber den Zersetzungsprozess des Mulchs auf den Zwischenflächen jedoch nicht unnötig beschleunigen.

Klare Abgrenzungen erleichtern die Pflege und helfen zugleich, die einmal gestaltete Form zu erhalten (links). Dies ist besonders bei Bambuspflanzungen (rechts) zu beachten, dessen Abgrenzung 70 cm eingegraben werden muss.

Abgrenzung

Klare Verhältnisse erleichtern die Pflege, daher plädiere ich immer für feste Abgrenzungen, sowohl für den Erhalt der ursprünglichen Formgebung als auch, um Vermischung der Pflanzen untereinander zu verhindern. Bei besonderer Formgebung wie geschwungenen Rasenkanten ist eine feste Einfassungskante ein Muss. Andernfalls werden Sie erleben, wie entweder der Rasen in die Pflanzung oder die Pflanzung in den Rasen hinüberwandert, und zwar meist ganz sanft und unmerklich.

Des Weiteren empfiehlt sich eine Abgrenzung gegen Wurzelwanderungen bei Wildwuchs auf benachbarten Grundstücken, bei Sträucherpartien gegen Rasen und bei Bambus. Zum Wandervolk zählen Kräuter wie Quecke, Fingerkraut, Gundermann und Hahnenfuß, und verschiedene Wild- und Ziersträucher wie Blut-Hartriegel, Sanddorn, Blut-Pflaume, Essigbaum, Akazie und Johannisstrauch. Bei leichter Verwilderung in Grenznähe reicht ein Betonkantenstein von 30 cm Höhe / Tiefe als Abgrenzung aus. Er sollte sauber eingebaut werden, sodass keine Fugenschlitze entstehen. Halten Sie die sichtbaren Kanten frei und kontrollieren Sie diese mindestens einmal im Jahr.

Wenn Sträucherpartien an Rasenflächen stoßen, haben diese die Angewohnheit, die Rasenfläche mit Wurzeln zu unterziehen und dieser besonders im Sommer Wasser zu rauben. Die Folge ist dann eine Vermoosung des Rasens. Manche Sträucher und Bäume sind jedoch so geschickt, dass sie unter einer Abgrenzung hindurchwandern und dann in der Rasenfläche wieder nach oben auftauchen. Abgrenzungen sollten deshalb in jedem Fall mindestens 20 cm tief eingegraben werden und ohne bzw. mit wenigen offenen Fugen versetzt werden. Mähkanten für die Eingrenzung der Rasenflächen funktionieren auch ohne Wurzelschutzbarriere, sollten aber eben und gut mit dem Mäherrad befahrbar sein.

Vorsicht Bambus!

Bambus ist sehr expansionsfähig und kaum durch irgendetwas aufzuhalten. Wer Bambus ohne Wurzelbarriere pflanzt, handelt grob fahrlässig!

Eine Wurzelsperre muss 70 cm tief eingegraben werden und darf dem Bambus keinen Angriffspunkt bieten, sich mit seinen Rhizomen hindurchzudrängen. Hier hilft am besten eine feste PE-Kunststoffbahn von 4 bis 6 mm Stärke, die an den Überlappungen fest mit Aluminiumleisten verschraubt werden muss. Ebenfalls kann ein Bambusbeet geschaffen werden, das nur von tiefgründig geschotterten Terrassen oder Stellplatzflächen umgeben ist. Die Verwendung von einzelnen Betonrabatten muss sehr gründlich ausgeführt werden, damit die Rhizome sich nie durch die vermörtelten Stoßfugen arbeiten können.

Wenn Sie eine perfekte Bambusbarriere eingebaut haben, seien Sie bitte weiter auf der Hut. Der Bambus hat die Fähigkeit, auch über die Abgrenzung hinüberzuwandern, um dahinter gleich in den jungfräulichen Boden einzutauchen. Sie sollten Ihre Bambusbarriere jährlich kontrollieren und Wanderrhizome abtrennen und bis zur letzten Triebspitze ausgraben.

Wie viel Freude haben Sie an schöner Pflanzengestaltung und wie viel Zeit können Sie für die Pflege aufbringen? Diese Fragen sollte Sie sich schon vor dem Pflanzenkauf beantworten.

Pflegeorientierte Pflanzenwahl

Die Wahl der Pflanzen ist neben der richtigen Standortwahl und einer harmonischen Kombination der unterschiedlichen Pflanzen ein wichtiger Faktor. Günstig ist es, immer mit offenen Augen in bestehende Gärten zu schauen und eventuell auch die Besitzer zu fragen, wie diese oder jene Pflanze bei ihnen gedeiht. Schauen Sie Gärten an, die von der Lage und Beschaffenheit mit Ihrem vergleichbar sind.

- Ich bevorzuge horstig wachsende Pflanzen, sowohl bei Stauden als auch bei Gehölzen, also Pflanzen, die sich nicht durch Wurzelausläufer oder Absenker ausbreiten.
- Wenn „Wucherkandidaten" gewünscht werden, versuche Sie ihnen abgegrenzte Bereiche zuzuweisen, in deren Grenzen sie dann „loslegen" können. Es können auch Wucherpflanzen mit unterschiedlichen Wuchshöhen und Lichtansprüchen kombiniert werden, die sich dann nur untereinander den Platz streitig machen müssen.
- Auch unter Sträuchern und Bäumen können Stauden wachsen, die auf Wanderschaft gehen. Eine klare Abgrenzung zu anderen Bepflanzungen und Rasen sollte daher gegeben sein.
- Der Ruf nach den „berühmten" Bodendeckern, die so pflegeleicht sein sollen, dass gar nichts mehr gemacht werden muss, wird immer wieder laut. Die Pflegeintensität wird zwar bei An- und Zuwachserfolg sehr schnell weniger. Allerdings sind eine regelmäßige Kontrolle und ein beherztes Eingreifen in eine solche Bepflanzung immer wieder erforderlich – ansonsten wird die Fläche bald zum Sanierungsfall.

Anlegen und bauen

Je konkreter die Planung wird, desto mehr müssen wir auf Details achten. Nacheinander gehen wir die einzelnen Gestaltungsbereiche durch, um die geomantischen und praktischen Besonderheiten zu beleuchten.

Eingangssituationen benötigen sowohl eine geschützte als auch eine offene Komponente. Das Verhältnis der beiden Anteile hängt bei diesen Hauseingängen ganz von der Persönlichkeit der Bewohner ab.

Der Eingangsbereich

Die Gestalt des Vorgartens und Eingangsbereichs ist in vielfältiger Weise bedeutsam.
Zum einen findet hier für uns selbst ein tägliches Heraustreten und Ankommen statt. Der wichtigste Blickwinkel in Bezug auf die Gestaltung des privaten Eingangs lautet für mich: Wie möchte ich von der Welt begrüßt werden, wenn ich mein Zuhause verlasse, und wie möchte ich willkommen sein, wenn ich zu ihm zurückkehre?
Zum anderen verraten uns die Eingangssituationen, in welcher Art, mit welchem Wunsch oder welcher Fähigkeit die Bewohner in Kontakt mit der Außenwelt treten. Verborgene, verwinkelte und weit zurückliegende Eingänge werden von Menschen bevorzugt, die den Kontakt zu anderen, zumindest im Privaten eher meiden. Sei es ein gestresster Manager oder Vertreter, ein eigensinniger Individualist oder jemand, der sich an seinem aktuellen Wohnort und der umgebenden Gesellschaft nicht zu Hause fühlt. Je nach Zustand der Außenanlage können wir darauf schließen ob sich die Bewohner in ihrer eigenen Welt verschließen, oder den Rückzug bewusst wählen, ohne sich der gesellschaftlichen Teilhabe zu entziehen.
Direkte, gradlinige Zugangssituationen deuten auf Menschen hin, die im Umgang mit anderen wahrscheinlich wenig schnörkellos sagen, was sie denken. Allerdings werden auch sie ohne Umwege mit den Meinungen und Forderungen anderer konfrontiert. Ein extremes Beispiel hierfür ist jemand, der sein Haus an einer großen Straße hat und ohne Vorgarten auf einen schmalen Gehweg tritt. Seine Privatsphäre ist stark beeinträchtigt. Viele Häuser, die derart offen liegen, sind daher oft unbewohnt oder haben einen häufigen Mieterwechsel.

Problematische Eingangssituationen

Ich versuche, Eingangssituationen zu realisieren, die eine möglichst große Distanz zur Straße herstellen. Ich mache dies natürlich abhängig von der Distanz zwischen Eingang und Straße sowie der Zugangshöhe der Eingangstür zur Straße. Besonders benachteiligt sind Eingänge, die gehwegseben oder tiefer liegen. Wenn die Distanz zur Straße hierzu noch sehr dicht ist, sollten Sie eine Verlegung des Eingangs ernsthaft in Erwägung ziehen. So ein Eingang eignet sich für einen Ort, den man für melancholische Momente wählt. Bei dauerhafter Nutzung dürfen Sie sich nicht wundern, wenn Ihr Leben Ihnen schwer, freudlos und oder traurig vorkommt.
Wenn Ihr Eingang tiefer als die Straße liegt, Sie jedoch etwas

Der Eingangsbereich definiert, wie viel Distanz wir benötigen und wie viel Offenheit wir zulassen können und wollen.

Platz haben, bietet es sich an, den Zugangsweg seitlich in die Länge zu ziehen und am besten eine Stufe hoch zur Eingangstür einzuplanen. Wenn das Haus in einer Seitenstraße liegt, versuchen Sie zusätzlich bei der Gemeinde einen Poller als Verkehrsberuhigung vor Ihrer Tür zu beantragen.
Bei Ortskernsanierungen habe ich oft erlebt, dass alte Häuser bei jeder Belagserneuerung tiefer im Boden verschwinden. Wehren Sie sich dagegen, wenn Sie davon betroffen sind – am besten schon in der Planungsphase. Ich habe für meine Kunden schon mit Bürgermeistern verhandelt, in wieweit eine Niveauerhöhung in einer entsprechenden Distanz zum bestehenden Eingang erfolgen kann, um eine Verschlechterung der Situation direkt am Haus zu verhindern. Die Eingangssituation kann entscheidend für den Wert einer Immobilie sein. Dieses Eigentumskriterium muss von den Gemeinden berücksichtigt werden.

Wie will ich von der Welt begrüßt werden?

Eine der schönsten Ideen, die ich je gesehen habe, war folgende: Ein Hausbesitzer hatte die Gelegenheit, auf der anderen Straßenseite eine kleine Grünfläche zu kaufen. Er hat sie als romantisches Gartenzimmer gestaltet, auf das er jeden Tag schauen darf, wenn er sein Haus verlässt – wunderbar! So eine Chance haben nur wenige Menschen, doch wenn es bei Ihnen so ist – nutzen Sie sie!
Es gibt auch die Möglichkeit, den öffentlichen Grünstreifen vor dem Haus zu bepflegen und meist auch geringfügig zu verändern. Auch auf diese Weise kann man seinen persönlichen Außenraum vorteilhafter nutzen.
Zur Gestaltfindung einer Eingangssituation stellen Sie sich als Erstes in die Tür, mit dem Blick nach außen und betrachten alles, was Sie sehen, mit einem in sich hineinfühlenden Blick. Dadurch können Sie wahrnehmen, wie das, was Sie sehen, auf Sie wirkt und spontan entscheiden, welche Blicke Sie mehr öffnen und betonen und von welchen Sie ablenken sollten. Je mehr Platz zwischen Eingangstür und Grundstücksgrenze ist, desto mehr Möglichkeiten haben Sie, die Wahrnehmung des Hintergrundes zu verändern oder zu beeinflussen.
Als Zweites gehen Sie auf Distanz zu Haus und Grundstück und beschreiten den Weg, den Sie täglich gehen werden, wenn Sie nach Hause kommen. Dadurch können Sie wahrnehmen, wie das Haus auf Sie wirkt, und wie die Gegebenheiten vor dem Haus und in dessen Umfeld der Architektur zum Vor- oder Nachteil gereichen. Es kann sein, dass ein Gebäude,

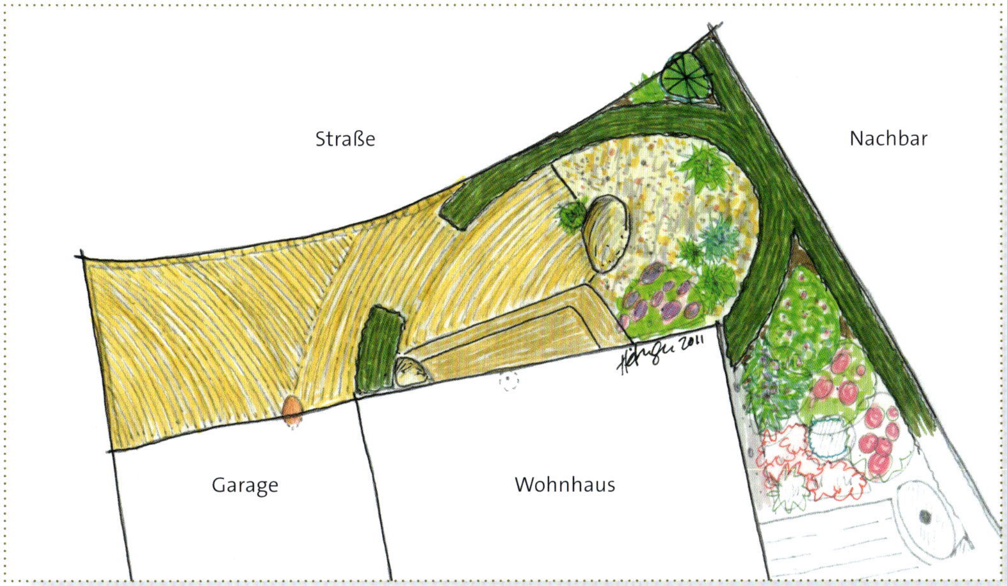

Dieser kleine Eingangsbereich erhält durch die Heckengestaltung einen angenehmen Hofcharakter, der als Puffer zwischen dem Zuhause und der Alltagswelt funktioniert.

ein großer Baum oder eine Landschaftsszene im Hintergrund einen wichtigen gestalterischen Impuls für Ihr Haus und Grundstück hat, den Sie durch eine Gestaltung herausheben wollen oder von dem sie möglichst ablenken möchten.
Im nächsten Schritt stellen Sie sich vor, wie die Elemente der Veränderung, die Sie im ersten Schritt kreiert haben, von dieser Seite aus wirken könnten. Versuchen Sie zuerst in Ihrer Vorstellung, dann mithilfe kleiner Skizzen, die räumliche Veränderung festzuhalten und ein stimmiges Gesamtbild zu erschaffen, welches die günstigsten Veränderungen von beiden Seiten beinhalten sollte. Zum Anfang erarbeiten Sie sich die Veränderung durch das Finden von Formen und Strukturen. Daraufhin überlegen Sie, mit welchen Baustoffen oder Pflanzen Sie so eine Form herstellen könnten und wie diese dann wirken würde. In dieser Phase sollten Sie vollkommen uneingeschränkt bezüglich der Möglichkeiten der zu verwendenden Materialien sein. Das was sich am besten und stimmigsten an diesem Platz anfühlt, wird erst einmal festgehalten. Eine realisierbare Kompromisslösung ergibt sich oft ganz leicht zu einem späteren Zeitpunkt. Manchmal ist eine Idee allerdings so stark, dass Sie versuchen werden, den Rest der Gestaltung anzupassen.

Muster-Vorgarten

Der Eingang (s. o.) steht in Bezug zu mehreren energetischen Punkten. Die elliptische Heckeneinfassung hat die Aufgabe, einen geschützten Eingangsbereich zu gestalten, in dem sich die Straßensituation beruhigen kann. Sie steht in Resonanz zu der kraftvollen Grundkonzeption (Schlaufe, Ausrichtung des Podests, Auswahl des Heckendurchgangs) und bezieht sich auch in der Materialverwendung auf Gestaltungselemente im hinteren Garten (Findlinge). Der zentrale Findling symbolisiert dabei zusätzlich Sammlung, Ruhe und – da er zu einem Drittel in die Erde versenkt ist – auch Geerdetsein. Außerdem grenzt er den festen vom lockeren Belagsbereich ab und signalisiert unserem Unterbewusstsein: Jetzt wird's lockerer! Die bedrängende Straßensituation wird durch die Heckenform und den Pflasterverlauf zusätzlich zum Eingang hin abgepuffert. Der Höhenversatz zur Eingangstür bringt Distanz und Entschleunigung.

Die Hanggestaltung bietet viele spannende Möglichkeiten, erfordert aber auch einen ungleich höheren Einsatz im Vergleich zu einer ebenen Fläche. Eine gute Planung und fachkundige Ausführung sind wichtig für langfristigen Erfolg.

Hänge und Böschungen

Hanggärten sind auf jeden Fall eine Herausforderung für die Gestaltung – vom gestalterischen, baulichen, finanziellen und energetischen Standpunkt der Betrachtung aus. Sie geben uns allerdings auch die Möglichkeit, eine herausragende und ungewöhnliche Gestaltung zu realisieren.

Die Fundamentierung von Bauwerken und Böschungssicherungen wird von baulichen Laien regelmäßig unterschätzt. Sie gehört unbedingt in die ausführenden Hände von Fachleuten. Eine Gestaltung am Hang ist teuer und arbeitsaufwendig. Wer bei der Gartengestaltung sparen will oder muss, sollte sich genau überlegen, ob er sich ein Hanggrundstück zulegen möchte. Eine gute Nutzbarkeit wird fast nur über eine Terrassierung erreicht. Ausnahmen sind eine Obstbaumwiese oder ein bewaldeter Hang. Bei dieser Art der Anlage kann die Gestaltung durch den Einsatz von Holzstegen, Plattformen und Podesten erfolgen. Dies ist eine sehr sanfte Gestaltungsart, die etwas für Naturromantiker ist, wobei die Ausführung durchaus elegant sein kann. Bei dieser Bauweise bieten sich moderne Schraubfundamente zur Sicherung der Bauwerke an, die mit einer einfachen Ausrüstung in jeden Untergrund eingedreht werden können und großartige statische Werte aufweisen.

Böschungssicherungen

Bauliche Hangsicherungen, die höher als einen Meter werden, sollten nur durch fachkundige Personen oder Unternehmen ausgeführt werden! Gegebenenfalls muss die Leistung eines Statikers in Anspruch genommen werden, um die richtigen Proportionen und Ausführungsart für die zu erwartenden Trag- und Drucklasten zu ermitteln.

Klassischerweise dienen Natursteinmauern als Sicherung und zur Terrassierung steiler Hänge. Die entstehende Ebene oberhalb oder unterhalb der Mauer kann zur Gestaltung und Bepflanzung in gewohnter Weise genutzt werden. Mauern benötigen für ihren festen und dauerhaften Stand ein geeignetes Fundament. Dies kann eine Mischung aus steinigem Material oder Beton in mindestens 20 cm Stärke sein. Bewährt hat sich ein handversetztes Fundament aus gestellten Steintafeln, die sich gegeneinander verkeilen. Für kleinere Mauern bis ein Meter Höhe kann dies ausreichend sein.

Ein weiteres wichtiges Detail ist der richtige Neigungswinkel einer Böschungsmauer. Dieser ist notwendig, um sich dem Druck der dahinterliegenden Erdmassen quasi entgegenzustemmen. Der Erddruck wird hierbei nach unten abgeleitet, und die Mauer bleibt so stehen, wie sie erbaut wurde. Wenn

Böschungssicherung und Terrassierung müssen nicht zwingend aus einer geraden Mauer erfolgen. Der Fantasie sind im Grunde nur statische Grenzen gesetzt – diese müssen aber unbedingt gut ausgelotet werden.

die Füllung hinter einer Natursteinmauer jedoch nicht richtig verdichtet wurde, kann die Mauer nach hinten kippen. Am besten wird die Mauer so aufgesetzt, dass sie sich leicht gegen den Hang lehnt und von hinten durch eine zweite Steinschichtung vor einem Umkippen geschützt wird.

Mit Betonwinkelsteinen oder geschalten Betonwänden können senkrechte Böschungsmauern hergestellt werden. Wobei ich rate, auch diese mit einer leichten Neigung von 3 % einzubauen. Es wäre nicht das erste Mal, dass die Fundamentierung auf Dauer nicht ausreichend stabil ist und sich eine Böschungsmauer durch den Druck von Hangwasser, Erde und Frostdehnung nach vorne neigt.

Eine weitere Möglichkeit ist die Sicherung der Erdmassen durch moderne Geokunststoffe, die als Geovlies oder Geogitter verfügbar sind. Hierdurch lassen sich extrem steile Erdwälle bis 70 % Steigung herstellen, die auch bepflanzt werden können.

Eine Böschungssicherung aus gelegten Holzbohlen und Stämmen ist relativ einfach umzusetzen. Es sollte aber auf eine sorgfältige Ausführung der Fundamentierung der Ankerpfosten und der gelegten Querhölzer geachtet werden, da es sonst schnell laienhaft und provisorisch wirken kann. Wichtiges Detail ist die Trennung von Holz und Erde durch Einlegen einer Kunststoffbahn (Noppenbahn), um die Dauerhaftigkeit der Hölzer zu erhöhen. Wer möglichst wenig Kunststoffe im Garten einsetzen möchte, kann die Belüftung der Hölzer auch durch eine Rieselfüllung von mindestens 20 cm Stärke erreichen.

Zu guter Letzt können Böschungen natürlich auch bepflanzt werden. Beachten Sie dabei, dass Sie die Böschungen nicht so steil oder hoch machen, dass Sie diese nicht mehr bepflegen können. Hangflächen trocknen schnell aus, und Gießwasser rinnt gerne an den Pflanzen vorbei und erodiert den Boden. Um dies zu verhindern, sollten Pflanzen im Hangbereich immer so tief eingegraben werden, dass der Pflanzballen zum Tal hin in der Böschungsebene liegt. Hinter dem Pflanzballen formen Sie eine Mulde aus, die Sie mit Mulch oder Kompost füllen. Gießen Sie punktuell nur in dieses „Becken“, bis das Wasser anstaut. Wenn der Hang nicht zu steil ist, können Sie Kompost oder Rindenmulch bis 20 mm Kornstärke flächig auftragen. Dieser hält die Feuchtigkeit und verhindert das Abschwemmen der Erde.

Die energetisch beste Lösung: Im Hangbereich erschaffen wir durch einen zentralen, runden Platz ein Energie sammelndes Element, um den flüchtigen Tendenzen in Böschungen entgegenzuwirken.

Spannende Gestaltungsideen für Hanggärten

Spannend, funktional und Material sparend ist die Gestaltung eines Platzes im Hang durch eine zweifach gebogene Mauer ausführbar.

Gewundene Treppe: Führen Sie die Treppe in kleineren Absätzen über kleinere und größere Podeste gewunden nach oben. Nutzen Sie die Podeste und veränderten Blickachsen zur bewussten Gestaltung.

Geschwungene Ebenen: Gestalten Sie Böschungsmauern so, dass verschieden breite Flächen entstehen. Gehen Sie das eine Mal in den Berg hinein, das andere Mal über das Tal hinaus. Verbinden Sie die Flächen einer Ebene mit schmalen Wegen oder Brücken. Verwenden sie zur Böschungssicherung sowohl Mauern, einzelne Felsen als auch nur bepflanzte Hänge. Sie erreichen eine gute Platznutzung!

Zentraler Platz im Hang: Bauen Sie sich einen zentralen Platz im Hanggrundstück, indem Sie sich halbkreisförmig in den Berg arbeiten und in der anderen Richtung halbkreisförmig über das Tal hinausbauen. Erschaffen sie eine Struktur aus niederen Böschungsmauern, Stegen, Treppen oder Pflanzenreihen, die stern- oder wellenförmig auf den Platz zulaufen.

Die Art der Stufen verrät uns etwas über das Ziel, welches zu erreichen ist. Treppen sind sehr starke und bedeutungsvolle Gestaltungselemente in einem Kraftgarten.

Stufen und Treppen

Um die Energiequalität eines Ortes oder eines Hauses erheblich zu verbessern, ist der bewusste Einsatz von Treppen und Stufen ein wirkungsvolles Mittel. Eigentlich dienen Stufen vor allem dazu, einen Höhenunterschied im Gelände sicherer begehbar zu machen, doch die energetische Wirkung von Stufen ist für eine Gestaltung ebenfalls bedeutsam.
Ob wir einen Raum – einen Raum im weitesten Sinne – ebenerdig, bergauf oder bergab betreten, ist vom Informationsgehalt für unser Unterbewusstsein ein großer Unterschied. Wechseln wir von einem Raum in den anderen ohne Schwelle oder Stufe, ist es für unser Empfinden beinahe so, als wenn wir den Raum gar nicht gewechselt hätten. Diese Wirkung wird ganz bewusst in der Eingangsgestaltung von Einzelhandelsgeschäften genutzt. Der Kunde muss sein Bewusstsein nicht erst auf das einstimmen, was ihn in dem anderen Raum, dem Geschäftsraum, erwartet. Er gleitet mühelos und mit dem geringsten inneren Entscheidungswiderstand durch die sich automatisch öffnende Tür ins Ladengeschäft.
Im Privathaus ist ein ebener Zugang energetisch betrachtet eher ungünstig. Fremde haben weniger Hemmung, einfach mal zu klingeln und womöglich gleich im Flur zu stehen. Liegt das Haus noch dicht an einer belebten Straße, kann die subtil einfließende Energie so stark sein, dass die Bewohner keine richtige Ruhe finden. Für den Übergang vom Innenraum zur Terrasse kann dieser Effekt wiederum gewünscht sein. Wir erreichen dadurch einen stärkeren Austausch zwischen unserem privaten Innen- und Außenraum.

Bergauf

Müssen wir bergauf gehen, um einen anderen Raum zu erreichen, überlegen wir sicher kurz, ob wir wirklich dort hinwollen. Was ist der Mühe wert? Tempel und Paläste finden sich häufig auf erhöhten Plätzen, zu denen man über manchmal große, lange und breite Treppen gelangen kann. Dies sind wichtige Orte für eine ganze kulturelle und politische Gruppe, die zu besonderen Anlässen und im Rahmen besonderer Aufgaben besucht werden. Ihren Erbauern wäre es sicher nicht recht, wenn Menschen ganz locker mal eben rein- und wieder rauslaufen, ohne das Gefühl zu haben, an einem besonderen Platz gewesen zu sein. Hoch gelegene Orte bergen für unser Unterbewusstsein immer auch die Information geistiger, klarer, spiritueller Plätze – selbst ein bettelarmes Weiblein wird auf einer Bergalm zu einer respektierten Einsiedlerin.

Für unser Heim bedeuten Stufen nach oben, dass wir uns dort aus dem Trubel des Alltags emporheben können, um einen Ort der Stille und höherer Ordnung zu erleben. Im Garten können dies Orte sein, die uns zu einer präsenten, aufmerksamen Ruhe verhelfen und uns mit frischer Inspiration versorgen – beispielsweise ein Baumhaus, eine Hochplattform oder ein erhöhter Sitzplatz.

Bergab

Müssen wir bergab gehen, um das Neue zu erreichen, spüren wir eher hinein, ob wir uns „das antun" wollen. Wir schauen hinab und fragen uns, ob wir in der Stimmung sind. Niedergelegene Orte haben für uns die Information des Emotionalen, und je nachdem, was wir in der Niederung sehen, schätzt unser Unterbewusstsein ab, ob wir bereit sind, mit der zu erwartenden Qualität von Gefühlen konfrontiert zu werden. Schauen wir auf eine große Wiese, wirkt dies anziehend auf uns, wenn wir rennen, toben und spielen wollen wie ein übermütiges Kind. Ist dort unten ein schön angelegter Park, wähnen wir uns bereits in einem paradiesischen Garten. Ist es eine Stadt, haben wir Lust in das lebendige Treiben einzutauchen. Sehen wir dort unten Chaos und Durcheinander, befürchten wir das Schlimmste und steigen mit einem unguten Gefühl in die Tiefe.

Für unser Haus bedeutet ein Treppabgehen stets, eine emotionale Wandlung zu vollziehen. Je nachdem, was uns erwartet, kann dies mit Gefühlen von Geborgensein, sich verstecken können und in eine andere Realität entschwinden zu tun haben. Oder es ist eine Konfrontation mit belastenden und schwierigen Emotionen, die dort unten auf uns warten.

Entsprechend ist es im Garten: Tiefer liegende Plätze sollten eine positive, poetische und geordnete Stimmung haben, da sie sonst schnell verkommen und dem Wildwuchs überlassen werden.

Ungewöhnliche Gestaltungen und Formen konkurrieren mit der Nutzbarkeit einer Treppe. Bei selten genutzten Strecken darf der praktische Aspekt mehr in den Hintergrund treten. Gerade hier sollte aber auf einen sicheren Verbau geachtet werden.

Tore und Portale

Beim Treppaufgehen liefert die Art und Form der Treppe eine wichtige Information für uns, welche Qualität von Ort oder Raum wir oben erwarten dürfen.
Beim Treppabgehen ist eher entscheidend, was wir in der Tiefe sehen, wie sich der Raum aus der Vogelperspektive darstellt. Ein gutes Stilmittel für die Abgrenzung von unterschiedlich hohen Ebenen ist der Einsatz von Toren und Portalen. Insbesondere den nieder gelegenen Flächen gereicht es zum Vorteil, wenn sie durch ein Tor ihre Eigenständigkeit betonen. Das Tor ist dann am Anfang des Ausblicks zu setzen – also oben.

Mit Treppen gestalten

Stufen und Treppen sind ein ideales Stilmittel zur Gestaltung von kleinen, beengten Situationen, steilen Gärten, aber auch für platte, langweilige Flächen. Insbesondere die Gestaltung mit breiten Stufen und Treppen kann einen Raum großzügig und elegant erscheinen lassen. Es geht hier in erster Linie nicht um die Funktion, sondern um die Wirkung der Stufen. Natürlich sollte die Treppe zumindest den Anschein erwecken, dass sie irgendwo hinführt – möglichst nicht auf einen Komposthaufen oder eine Abstellecke. Eine einfache Hecke oder ein anderer Sichtschutz, der unsere Vorstellung vom verborgenen „Großen" oberhalb der Treppe weiterhin zulässt, kann die Gestaltung unterstützen. Dies funktioniert auch, wenn die Treppe an der Außenseite des Grundstücks endet und hinter der Hecke die Grenze liegt. Auf diese Weise können auch kleine Räume empfindungsmäßig geweitet werden.
Breite Treppen mit tiefen Trittstufen sind ein gutes Stilmittel, wenn wir einen Teil unseres Gartens mit mehr Aufmerksamkeit versorgen wollen. Unsere Aufmerksamkeit, aber auch unsere Körper lassen sich gerne von den eleganten einladenden Stufen in diesen anderen Gartenteil leiten. Breite Treppen verheißen immer, dass sie uns an einen Ort führen, wo es gute, neue oder schöne Dinge zu entdecken gibt.

Treppen können zu Schmuckelementen werden, die kleine Hofräume aufwerten.

Kleine schmale Treppen sind ein Stilmittel, wenn es darum geht, ein Versteck oder einen abseitigen Ort zu erreichen, der uns Abstand, Unerreichbarkeit und Intimität verspricht. Für sensible Menschen, die im Rampenlicht der Öffentlichkeit stehen, aber auch für Kinder, die mal Abstand vom Elternhaus suchen, kann dies eine willkommene Möglichkeit sein, sich innerhalb und in der Nähe des vertrauten Umfeldes zurückzuziehen. Anders als die breiten Treppen sollten die schmalen Steigen tatsächlich irgendwo hinführen, beispielsweise zu einem Ausguck in den Baumwipfeln oder einem Verschlag im Hangbereich mit Aussicht.

Neben dem rein praktischen Nutzen ist die Wegegestaltung im Garten sowohl unter ästhetischen als auch energetischen Gesichtspunkten zu betrachten.

Wege im Garten

Mit dem Verlauf, der Form und der Art der Ausführung von Wegen nehmen wir starken Einfluss auf den Energiefluss und die Wirkung von Haus und Garten. Wege strukturieren und ordnen den Raum. Natürlich haben Wege auch ganz praktische Funktionen. Oft wird jedoch der Fehler gemacht, die Wege rein funktionell anzulegen oder diese der gewünschten Gestaltung formell unterzuordnen. Im ersten Fall wird eine stimmige Proportion von vorhandenen Flächen zerschnitten, sodass die verbleibenden Teile kraftlos übrig bleiben. Im zweiten Fall werden die vorhandenen Wege nicht genutzt und stattdessen entstehen wilde Pfade, die dem Laufverhalten des Menschen eher entsprechen. In der Planungsphase sollten die optimale Gestaltung und die Wegeführung stets zusammen erfolgen, hieraus können sich spannende Ideen und Lösungen entwickeln.

Die richtige Materialwahl

Oft befahrene Flächen sollten in jedem Fall einen tragfähigen Untergrund erhalten. Hierfür sind eine richtige Einschätzung des vorhandenen Untergrundes und schwere Verdichtungsgeräte notwendig. Diese Arbeiten sollten fachkundig durchgeführt werden, um Deformationen der Belagsfläche weitestgehend auszuschließen. Auch bei Gehwegen ist ein fester Untergrund ein Garant für Langlebigkeit. Leider gibt es hiermit immer wieder Schwierigkeiten im Arbeitsbereich des Hauses. Fehlende Verdichtungsleistung auf Kellerebene führen auch nach 30 Jahren noch zu ärgerlichen Senkungen in Belagsflächen.

Kiesflächen sind in den letzten Jahren durch den „Provence-Trend“ beliebt geworden und können in vielen Situationen ausreichend sein. Meist entsprechen sie aber nicht den Ansprüchen der Bewohner und Nutzer, zumal die Verunkrautung der Fläche im regenreichen Mitteleuropa stärker ist als in Südeuropa. Die vergleichsweise günstigen Herstellungskosten hierfür können allerdings auch eine Zwischenlösung darstellen.

Pflastersteine sind in vielen Materialien in allen Farben und Formen im Handel verfügbar. Ich tendiere zu einfachen Formen und natürlichen Farben, da diese zeitlos sind.

Kunstvolle Pflasterarbeiten mit überwiegend kleinen Steinen sollten einen sehr stabilen Untergrund und eine möglichst feste Verfugung erhalten, da sich Krautwuchs aus den Fugen dieser Fläche schnell bemächtigen und die Arbeit zunichtemachen würde.

Wegeverlauf

Wege müssen nicht zwingend geradeaus und immer gleich breit angelegt werden. Je nach ausgewähltem Material können Sie kreativ mit der Form des Weges verfahren. Trittflächen im Rasen beispielsweise dürfen ruhig breit und elegant sein, ohne dass eine Empfindung einer großen versiegelten Fläche entsteht.

Schauen Sie bei der Planung und Anlage von Wegen stets darauf, wo diese hinführen und enden, ob die Form nicht nur praktisch ist, sondern auch der Gesamtgestaltung der Anlage entspricht. Direkte Wege bilden auch Blickachsen, an deren Ende etwas Interessantes oder Schönes zu sehen sein sollte.

Indirekte Wege erwecken Neugier und Spannung, wenn sie nur Teile des Weges und des Zieles offenbaren – zu viel „Versteckspiel“ kann aber auch unheimlich sein. Indirekte Wege rahmen die Szenerie ein, die sie umgehen, und sind damit Grenze zwischen zwei Gestaltungsbereichen.

Interessant ist auch, wie die Wahrnehmung des Wegeziels durch die Art der Ausführung verändert wird. Ein breiter, gerader und geschlossen gepflasterter Weg drängt dem Betrachter sein Ziel förmlich auf. Der gleiche Weg locker geschwungen und in der Breite variierend lädt das Ziel mit einer gewissen Heiterkeit auf. Der gerade Weg mit Einschnitten und Inseln aus Gras oder Kräutern hüllt das Ziel in eine romantische Sphäre.

Seien Sie in dieser Phase ruhig spielerisch und kreativ und entdecken Sie weitere Möglichkeiten, die Wirkung Ihres Hauses und des Gartens durch die Wegegestaltung zu verstärken. Wägen Sie jedoch schlussendlich ab, in wieweit ausgeprägte Formen und bunte Kombinationen ihre Wünsche dauerhaft zufriedenstellen werden. Ein lang gezogener Schwung im Wegeverlauf, einige ausgewählte Brüche und Impulse im Belag durch Material oder Formveränderungen können bereits eine nachhaltige Aufwertung der Gestaltung erzeugen.

Wege „erzählen“ vom Standpunkt, von der Wegstrecke und dem Ziel des Weges gleichermaßen. Die Entscheidung über die Art und Ausführung des Weges sollte von diesen drei Punkten bestimmt werden.

Der Gestaltung eines Wegs sind keine Grenzen gesetzt. Die Qualität der Ausführung sollte allerdings im Verhältnis zum Aufwand der Erstellung stehen. Kleinteilige Gestaltungen müssen den Widrigkeiten der Witterung, der Belastung durch Benutzung und den „Angriffen" der Vegetation lange standhalten können, damit sich der Aufwand lohnt.

Terrassen können in sich einen Charakter von Landschaftsgestaltung entfalten, der viele spannende Gestaltungslösungen bietet.

Leicht eingesenkte Terrassen ermöglichen einen geschützten Freiraum, an dem wir uns gerne aufhalten.

Die Verbindung nach draußen

Die Terrasse ist ein Bereich, der gefühlsmäßig sowohl zum Inneren des Hauses als auch zum Garten gehört. Es ist sozusagen ein Zwischenbereich, in dem wir uns dem Außen nähern, ohne den Bezug zum Inneren zu verlieren. Wir sind schon draußen, aber nicht so ganz! Die Terrasse ist somit unser wichtigster persönlicher Erholungsbereich im Garten, wo wir unsere Beziehung zur Natur leben und gleichzeitig in Verbindung zu unserem urbanen Alltag bleiben.

Einen geschützten Raum schaffen

Intimität, Abgrenzung, Sicherheit sind hier wichtige Kriterien, die erfüllt werden sollten, um die Terrasse angemessen nutzen zu können.

Hierfür kann es beispielsweise hilfreich sein, die Terrasse in das Gelände einzusenken. Das umgebende Gelände vermittelt bereits eine gewisse Geborgenheit und dient auch als Schallschutz. Für weiteren Sichtschutz und Beschattung sind dann nur noch Pflanzen oder Elemente in geringerer Höhe als vorher notwendig. Selbst wenn das Gelände für die Terrasse bereits ans Haus angeschüttet wurde, können Sie durch eine kleine Einmuldung im Gelände eine spürbare Beruhigung und Intimität erreichen. Eine eingesenkte Terrasse kann sehr schön und elegant durch eine breite Treppe mit dem Haus verbunden werden, die ebenfalls für eine kleine Kaffee- oder Sonnenpause als Sitzgelegenheit genutzt werden kann.

Wir können mit einer durchdachten Terrassengestaltung den Erholungs- und Freizeitwert unseres Gartens erheblich steigern! In kleinen Gärten ist es vielleicht sogar notwendig, die Gartengestaltung allein auf die Nutzbarkeit der Terrasse auszurichten.

Von Nord bis Süd

Der Himmelsrichtung kommt bei der Nutzung und Gestaltung der Terrasse eine große Bedeutung zu.

Eine Nordterrasse ist ein schöner Platz an heißen Sommertagen. Hier können Familiengesellschaften am Wochenende zur Mittagszeit stattfinden. Wenn Sie eine Nordterrasse anlegen, sollte sie groß sein. Kleine Nordterrassen sind aufgrund ihrer kühlen und feuchten Aura meist verwaist. Wegen der Sonnenferne sollte das gewählte Belagsmaterial großformatig dichtporig und gut zu reinigen sein, am besten mit fester Verfugung ausgeführt. Nicht empfehlenswert sind Holz, Sandstein und helle Betonsteine mit Natursteinvorsatz, die allesamt schnell veralgen und stärker verwittern. Geeignet

Terrassenflächen wirken oft etwas langweilig. Mit wenigen Zusatzelementen wie farbigen Keramikpflastersteinen oder Flusssteinen lassen sich interessante Impulse setzen.

sind Gneise, dichtporige Granite, Porphyr, gesägte Muschelkalkplatten, einfache Betonplatten und Waschbetonplatten.

Eine Ostterrasse ist **der** Frühstücksplatz für Spätaufsteher und für den Sonntagmorgen – sofern dort die Sonne hinscheint. Die Ostterrasse ist ebenfalls der ideale Platz, um einen Meditationsplatz im Freien einzurichten. Des Weiteren ist diese Gebäudeseite an heißen Sommertagen begehrt. Ostterrassen werden meist eher kleiner angelegt. Die Ausführung kann schlicht oder künstlerisch aufwendig sein – ein kleines Juwel, welches sich in der erfrischenden Kraft der aufsteigenden Sonne zeigt.

Die Terrasse im Süden ist der Klassiker. Das Wohnzimmer ist meist im Süden und die Hauptterrasse daher häufig auch. Sie ist ohne Sonnenschutz eine tolle Terrasse für die ersten Sonnenstrahlen oder für ein Mittagessen an einem warmen Sonnenmittag im Frühling. Der ideale Belag ist Holz, da es hier schnell trocknen kann und für uns schon im zeitigen Frühjahr die ersten Sonnenstrahlen aufsaugt und wieder abgibt. Alle anderen Belagsmaterialien sind ebenfalls gut geeignet. Als Hauptterrasse machen sich großformatige Platten sehr gut. Sollten Sie sich für ein dunkles Material entscheiden, dann bedenken Sie, dass dies im Sommer brennend heiß wird.

Die Terrasse im Westen hat meist die längste Sonnenzeit am Abend und kann so auch von den Berufstätigen am besten genutzt werden. Hier können Sie regelmäßig zu Abend essen.

Diese Terrassen stelle ich mir elegant gestaltet vor: eine Fläche mit großformatigen Platten, die mit einem dezenten Vries gerahmt ist. Helle und gelbliche Farbtöne, aber auch dunkle braun- und anthrazitfarbene Platten erscheinen stimmig.

Terrassentypen

Die Auswahl von Belagsmaterial, Ausstattung und Einfassung der Terrasse ist stark vom Verhältnis des Einzelnen zur Natur und dem Leben im Außen abhängig. Menschen, die ein eher distanziertes Verhältnis zur Natur haben, wünschen sich meist eine Terrasse, die den Komfort, die Ordnung und Sauberkeit des Hauses fortsetzt. Sie sitzen lieber unter einer festen Überdachung als unter freiem Himmel. Naturverbundene Menschen sehen ihre Terrasse eher von wilden Blumen und schattenspendend Bäumen gerahmt. Sie möchten den

Terrassen, die wie ein Ausguck auf den eigenen Garten angelegt sind, eröffnen den ganzen Außenbereich als Schaufenster in die Natur.

Einschränkungen des Hauses entfliehen und unter freiem Himmel leben. Die Belagsfläche ist bestenfalls aus Holz, damit Sie darauf liegen und schon im zeitigen Frühling barfuß laufen können.

Einladend wirken Terrassen, bei denen sich die Natur in den Randbereichen dem Alltagsleben annähert. Dies können Sitzmauern aus Naturstein sein, Hochbeete oder Steinmauern mit duftenden Kräuterstauden, im Belag eingelassene Findlinge oder breite Treppenabgänge zum Garten, in denen Pflanzspalten eingebaut sind, die mit Iris, Lavendel oder anderen Kräutern bepflanzt werden.

Draußen wohnen

Zu einer Terrasse zum Leben, die im Sommer möglichst als zweites Wohnzimmer genutzt wird, gehört auf alle Fälle eine teilweise Überdachung oder ein Pavillon, ein Grill oder sogar eine Kochnische. Ein Liegeplateau aus Holz, am besten noch eine Außendusche und ein Pool oder Schwimmteich lassen die Terrasse zum Urlaubsort werden. Ganz wichtig ist ein Außenkamin, dessen Strahlungswärme die Kühle der Nacht verdrängt und die Terrassensaison bis weit in den Herbst hinein verlängert.

Ruheplatz

Möchten Sie Ihre Terrasse als kontemplativen Platz zur Entspannung und Meditation nutzen, bietet es sich an, diesen Bereich etwas von der Sitz- und Festterrasse abzugrenzen. Eine kleinere Fläche, in der Natursteinfindlinge eingelassen werden, hat die starke Ausstrahlung einer ruhigen Kraftquelle. Eine inspirierende Pflanzenauswahl oder ein bewegtes Wasserelement dienen ebenfalls als starke Gestaltungselemente. Der Vorteil einer hausnahen Meditationsterrasse ist, dass man sie häufiger nutzen wird als einen Platz, der sich an einer entfernteren Stelle im Garten befindet. Sie sollten dann aber auch an eine kleinflächige Überdachung denken, damit Sie auch bei Regenwetter im Freien meditieren können – ein herrliches Erlebnis. Der Sichtschutz kann eventuell aus einem wetterfesten Paravent bestehen, vor allem, wenn Sie erst einmal ausprobieren wollen, ob Sie diese Nutzung überhaupt länger beibehalten werden.

Eintauchen in die Farben, Gerüche und Geräusche der Natur. In diesen entspannenden Augenblicken lernt man den Wert des eigenen Gartens so richtig zu schätzen.

Sitzplätze – Juwele des Gartens

Sitzplätze im Garten sind das eigentliche Bonbon einer Anlage. Mit einem Sitzplatz im Garten haben wir die Gelegenheit, ein kleines Juwel, einen sehr persönlichen Platz und eine ganz neue Perspektive in den Raum zu gestalten. Sie sind sowohl Objekt, im Sinne einer schönen Ansicht vom Haus aus betrachtet, als auch Nutzraum für den Aufenthalt im Garten, Erholungsraum abseits des Alltags, Kreativinsel als Werk-, Bastel- und Arbeitsplatz, Ort der Muse für Inspirationen und sicher noch einiges mehr.

Ein Sitzplatz ist also ein sehr persönlicher Ort und sollte auch in diesem Sinne gestaltet werden.

Der richtige Platz

Die wichtigsten Kriterien zur Auswahl der Lage eines Sitzplatzes sind sicherlich Aussicht und Schutz. Mit Aussicht kann sowohl die Aussicht in die Umgebung und Landschaft als auch die Aussicht in den eigenen Garten und auf das eigene Haus gemeint sein. Die letztere Perspektive ist eine, an die die meisten Menschen gar nicht denken und oft überrascht sind, wie schön, interessant und befriedigend es sein kann, nicht immer nur nach außen in die Ferne oder auf die Gebäude in der Nachbarschaft zu schauen, sondern das Eigene zu betrachten und in der Wahrnehmung innerhalb des Eigenen zu verweilen. Die Aussicht in die Landschaft muss man heute in vielen Gärten suchen. Es kann sein, dass ein Ausblick nur an einer Stelle im Garten möglich ist. Das wäre dann der Ort für einen erfolgreichen Sitzplatz zum Entspannen und In-die-Ferne-Träumen.

Um die besten Gartenbereiche für einen weiteren Sitzplatz zu erschließen, benötigen Sie eventuell Wege, Treppen, Sichtschutz und sonstige Baumaterialien. Als Test können Sie sich auch ein Sitzbrett installieren, bis Sie sich sicher sind, dass Sie diesen Platz auch öfter nutzen möchten.

Sitzplatztypen

Der Gestaltung von Sitzgelegenheiten, Liegeflächen und Ruheplätzen im Garten ist im Grunde genommen keine gestalterische Grenze gesetzt. Diese Plätze können sowohl fest installiert werden als auch temporär an wechselnden Standorten entstehen. Bei einer Neuanlage ist es häufig sehr schwierig, den richtigen Ort für einen Sitzplatz festzulegen, da dieser oft von der direkten Umgebung abhängig ist, die vielleicht erst noch einige Jahre zur Entwicklung benötigt. Sinnvoll ist es, infrage kommende Stellen im Garten so zu gestalten, dass der nachträgliche Aufbau eines Sitzplatzes mit wenig Aufwand möglich ist.

Die Unkomplizierten: Mobile Plätze ergeben sich immer wieder neu aus Gelegenheiten, wie dem Stand der Sonne oder den Blütezeiten, und werden durch mobile Sitz- und Liegemöbel erschaffen.

Die Hingucker: Sitzplätze können als Blickfang gestaltet werden. Wichtig ist es in diesem Fall, die Blickverbindung von einzelnen Zimmern aus zu suchen. Die Gestaltung ist mehr auf Effekt als auf Nutzbarkeit auszulegen, sodass auch „schräge" oder übertriebene Ideen verwirklicht werden können.

Die Ausflügler: Eine separate Holzplattform oder eine Kiesfläche abseits der Hauptterrasse stellen einen tollen Spielplatz für Kinder oder einen Chill-Out-Platz mit Urlaubscharakter dar, an dem sogar ein Strandkorb passend steht. Die Nähe zu einem Teich macht schöne Naturbeobachtungen möglich. Hieran angeschlossen kann eine Gartenhütte stehen oder eine offene Feuerstelle liegen – je nachdem, wie viel Ausflugsfreuden Sie im Garten wünschen und brauchen.

Die Träumer: Zum Abschalten, Erholen und für Inspirationen genießen viele Menschen einen Raum für Träume, mit Distanz zum Alltag. Ein Baumhaus, eine Bank inmitten von Pflanzen oder ein Sitzplatz mit einem Blick in die ferne Landschaft ermöglichen uns, in eine andere Welt einzutauchen.

Die Erlebnisreichen: Andere Menschen brauchen Plätze, an denen sie durch das Leben um sich herum oder durch eigene Bewegung abgelenkt werden. Plätze am Wasser, an Quellen oder Wasserfällen, in Duft- und Schmetterlingsgärten, aber auch eine Hollywood-Schaukel oder eine klassische Baumschaukel schaffen wunderschöne Erlebnisplätze.

Ein Platz zum Träumen und Schmökern oder zur Zwiesprache mit der Natur. Hier lassen sich Blumen und Insekten entdecken und beobachten – ein Platz, an dem der Sprung aus dem Alltag leichtfällt.

Oben links: Dieser Ort verspricht Rückzug in Kombination mit einem fröhlichen Erleben, das ein freies Schwingen in uns eröffnet.

Oben Mitte: Kinder- und Familienplatz für den „Räuberausflug" im Garten: Hier kann man spontan auch draußen schlafen und im Dunkeln Gruselgeschichten erzählen.

Oben rechts: Der einzige Platz im Garten, von dem man in die Landschaft schauen kann. Vom Haus aus ist der Platz als Hingucker gestaltet.

Rechts: Ein Energieplatz, der zum Verweilen einlädt. Ist er innerlich gut ausgerichtet, kann er als Ort der Inspiration genutzt werden.

Der Laie denkt bei Hecken meist an eine mögliche Grenzbepflanzung. Wesentlich interessanter ist jedoch der Einsatz als Raumteiler zur Gestaltung von Gartenzimmern.

Natursteinmauern in handwerklicher Ausführung sind eine Augenweide und entfalten eine beeindruckende Präsenz in einer Außenanlage.

Mauern, Hecken und Zäune

Räume und Perspektiven

Die Definition eines Raumes ist ein Mittel der Bewusstmachung von Zugehörigkeit und Abgrenzung. Das mag sich jetzt parteiisch und kleinkariert anhören, dient dem Individuum jedoch dazu, klar zu unterscheiden und aufgrund der Erkenntnis des Unterschieds zu entscheiden, sich dem Äußeren klar und bewusst zu stellen. Solange ein Mensch nicht die Weihen höherer Erleuchtung erlangt hat, in der er erkennen darf, dass alles gleich und von gleichem Ursprung ist, sollte er sich darin üben, Unterschiede zu erkennen und kreativ und achtsam in der Begegnung mit dem anderen innerlich zu wachsen.

In meiner Gestaltungsarbeit lege ich sehr viel Wert darauf, die Grundstücksgrenzen bewusst einzubinden und auch innerhalb des Gartens Räume zu definieren, die klar einzelne Bereiche voneinander abgrenzen, beispielsweise den offenen Vorgarten und den privaten Erholungs- und Freizeitbereich.

Neben der Grenzziehung zum Nachbarn sind besonders Mauern und Hecken ein gutes Gestaltungsmittel, um Raumperspektiven zu gestalten und Räume grob zu umreißen. Ich bevorzuge die Verwendung von leicht wellenförmigen Oberlinien, die an Hügellandschaften erinnern. Diese Form kann man sowohl mit Hecken, Zäunen als auch mit Mauern herstellen – wobei der Aufbau einer Natursteinmauer mit lang gezogener wellenförmiger Oberlinie etwas Übung und ein gutes Gespür für die fertige Form erfordert. Staketenzäune und Hecken können durch Schnitt recht einfach in die gewünschte Form gebracht werden. Ein Vorteil der Wellenform ist, dass diese Abgrenzungen nicht so massiv wirken wie eine Hecke in gleicher Höhe mit waagerechter Oberlinie. Außerdem wird der Raum durch die Form dynamisiert, was besonders bei kleinen Räumen, die durch waagrechte Eingrenzung wie ein Käfig wirken, von Vorteil sein kann. Mit gewellten oder auch stufig geformten Abgrenzungen können Sie bewusst geschlossene und offene Bereiche definieren, in denen Kommunikation und Austausch mit der Nachbarschaft möglich werden.

Ausblicke und Einblicke

Sichtschutz und Abgrenzung sind essentiell für einen Garten, der als persönlicher Erholungsraum genutzt werden soll. Besonders in kleinen, eng umbauten Freiräumen bedarf es oft eines guten Einfalls, um Intimität herzustellen, ohne sich dabei selber zu stark einzuengen. Zudem gibt es allerlei Auflagen im örtlichen Bebauungsplan und Nachbarschaftsrecht, die die mögliche Art und Weise von Abgrenzungsele-

Hecken definieren und strukturieren Räume, lenken die Aufmerksamkeit und schützen vor ungewollten Einblicken. Mit vielschichtigen Versatzstücken können kleine Gärten groß gestaltet werden.

menten klar definieren. Grundsätzlich finde ich es wichtig, sich nicht kategorisch mit einer undurchdringlichen Wand abgrenzen zu wollen. Die Kunst besteht darin, kleine, unbedeutende Einblicke zu erlauben und eine lichte Kombination verschiedener Elemente zu verwenden, die sowohl Offenheit und Raumtiefe vermittelt als auch gleichzeitig eine gute Intimität und Privatsphäre garantiert. Auch ästhetisch gesehen ist eine Kombination von verschiedenen Elementen am reizvollsten.

Grüne Wände

Heckenpflanzen aller Art können als Sichtschutzelemente eingesetzt werden. Eine gute Schnittverträglichkeit, ein schlanker, aufrechter Wuchs und eventuell die Fähigkeit, Hitze und Trockenheit auszuhalten, sind bei der Auswahl maßgebend. Am beliebtesten sind immergrüne Pflanzen, da sie ganzjährig Schutz bieten. Für trockene und heiße Lagen eignen sich am besten zypressenartige Gehölze wie Scheinzypresse, Wacholder oder die energetisch stark abgrenzende Thuja. Vor allem Thuja 'Smaragd' überzeugt mit einem dichten und schlanken Wuchs bei relativ geringem Jahreszuwachs. Die Sorte verhält sich auch tolerant gegenüber schwierigen

„Heckensitzerin“

Mauern, Hecken und Zäune sind Teil unserer europäischen Siedlungskultur und helfen uns, einen Raum klar zu definieren. Hecken grenzten ursprünglich nicht die Besitzungen einzelner Familien untereinander ab, sondern trennten den menschlichen Lebensraum vom Lebensraum der Wildnis.

Aus dieser Epoche stammt wahrscheinlich das Wort „Hexe“, was vermutlich „Heckensitzerin“ bedeutet und einen Menschen beschreibt, der zwischen der Welt der mythenvollen Wildnis und der Welt der Menschen vermittelte. Hierzu musste diese Frau oder Mann Teilnehmer beider Lebensräume sein, lebte sozusagen auf der Hecke / Grenze.

Den Hexen und Hexern verdanken die Menschen das Wissen um die Heilkräfte der Pflanzen und Tiere sowie den Einsatz wichtiger Rituale für die Entwicklung und den Erhalt einer Gesellschaft.

Ob Steinplatten oder Trockenmauer – eine sorgfältige, kenntnisreiche Verarbeitung ist immer die Grundlage des Erfolges.

Stabilität

Eine der wichtigsten Überlegungen, die bei der Auswahl und Herstellung von Sichtschutzelementen angestellt werden muss, ist die Frage einer guten, sicheren Verankerung, insbesondere von großflächigen und schweren Elementen, die auch Druckbelastungen durch Personen und Wind verlässlich standhalten sollten.
Der Vorteil von Pflanzen ist, dass diese sich selbst meist ausreichend stabil verankern und auf Seitendruck zudem elastisch reagieren. Bei Trogpflanzen ist für eine gute Verankerung und Standhaftigkeit des Pflanzgefäßes zu sorgen. Andere Sichtschutzelemente benötigen immer eine gute Verankerung und Standfestigkeit. Bei leichten Baustoffen, wie kleinen Holzelementen, Textil- oder Bambusmatten wäre eine ungenügende Verankerung noch relativ folgenlos. Bei schwergewichtigen Elementen aus Holz, Metall, Glas oder Stein kann eine ungenügende Standfestigkeit lebensgefährlich werden.

Bodenverhältnissen und geringem Bodenvolumen. Ebenfalls geeignet, wenn auch nicht ganz so anspruchslos, sind Eiben. Sie wachsen sehr dicht, sind gut schnittverträglich und erzeugen dank der dunklen Nadeln einen eleganten Raum von vornehmer Stille.
Reizvoll können durchaus Kombinationen aus immergrünen und Laub abwerfenden Sträuchern sein, die beispielsweise durch farbigen Laubaustrieb, auffällige Blüten oder Herbstfärbung das ganze Jahr Blickpunkte setzen. Es gibt wunderschöne Sträucher, die aufrecht und mit stabilem Astgerüst wachsen und sich gut innerhalb einer schlanken Sichtschutzzeile ziehen lassen. Meine Favoriten sind Kornelkirsche, winterblühender Schneeball und Zierapfel 'Tina'. Für die Abgrenzung eines „geheiligten“ Innenraums kann ich eine Hecke aus Hainbuchen empfehlen.
Bei der Verwendung von Kletterpflanzen wie Rosen oder Clematis, die sich in einer Konifere oder anderen Elementen hochranken, ist zu bedenken, dass die Rankelemente durch den Pflanzenbewuchs sowohl schwerer als auch windanfälliger werden.

Individuelle, wilde Zäune haben einen besonderen Charme – und müssen nicht immer aus Holz sein.

Sicht- und Schallschutz aus Stein und Keramik

Natursteinplatten, aufgemauerte Wände aus Naturstein, Konstruktionswände mit Mauerverblendung aus Naturstein oder Keramik sowie Schalbetonelemente eignen sich hervorragend, um Sicht- und Schallschutz zu verbinden. Trocken verbaute Natursteinmauern haben eine intensive Ausstrahlung und verleihen einem Raum einen festen Charakter. Glatte Betonmauern hingegen definieren einen neutralen, beinahe leblosen Raum.

Standfestigkeit und innere Stabilität des Bauwerks sind von größter Wichtigkeit. Zudem sind vor allem bei geringen Grenzabständen die Regelungen im Nachbarschaftsrecht zu beachten. Da diese Wände mit großem Arbeitseinsatz entstehen, wäre es besonders ernüchternd, wenn sie versetzt werden müssten.

Holzzäune und -wände

Holzelemente wirken in der Regel freundlich und haben eine angenehm natürliche und warme Ausstrahlung. Es gibt im Fachhandel wunderschön gearbeitete Wandelemente, die jedem Anspruch und Stil gerecht werden. Bevorzugen Sie einheimische Hölzer mit garantierter Herkunft, um den Holzraubbau in Urwälder nicht zu unterstützen. Holz ist auch ideal für den Heimwerker zu bearbeiten – Hauptsache standsicher! Der Fachhandel bietet Pflegeprodukte und Lasuren an, die das Holz schützen und die ursprüngliche Farbe erhalten bzw. imitieren. Ich würde jedoch empfehlen, sich mit der Tatsache auseinanderzusetzen, dass Holz grau verwittert, und die Haltbarkeit bei einer Verankerung und Montage mit kleinen, gut belüfteten Kontaktflächen beinahe genauso lange ist wie bei regelmäßiger, aufwendiger Behandlung.

Metallplatten

Platten aus Stahl, Edelstahl oder Messing zählen zu den stilvollen, edlen Gestaltungselementen, insbesondere, wenn diese noch durch ornamentale Musterausschnitte gestaltet wurden. Für diese Elemente ist ein stabiler Rahmen notwendig. Energetisch bewerte ich den großflächigen Einsatz von Metallen im Erholungsbereich kritisch. Luftige Rankelemente aus Stahlstäben sind dabei weniger bedenklich als großformatige Stahlplatten und können eine schöne Ergänzung zu Holzwänden oder Steinplatten darstellen.

Kombinationen von verschiedenen Elementen ergeben ein abwechslungsreiches Zusammenspiel von Abgrenzung, Sichtschutz und Gestaltung.

Metalle als konstruktive Bauteile sind für die Verankerung von Sichtschutzelementen jedoch unerlässlich. Bei Erdkontakt sollten diese mindestens feuerverzinkt, bestenfalls aus Edelstahl sein.

Glaselemente

Glas ist ein hochwertiger und moderner Baustoff, um lichtdurchlässige Raumelemente zu gestalten. Ein statisch ausgesteifter Rahmen und eine feste Verankerung sind wichtige Voraussetzungen für eine Verwendung. Partielles Sandstrahlen und das Aufkleben von farbigen Glasmosaiken lassen ästhetisch hochwertige Glaswände entstehen. Auch die klassischen Glasbausteine können hier wunderbar zum Einsatz gebracht werden. Bei Glasscheiben ist es wichtig, bruchsicheres Schutzglas zu verwenden, um lebensgefährliche Verletzungen bei Glasbruch zu verhindern. Momentan interessant sind Glaselemente, in denen Solarzellen eingearbeitet werden. Diese sind auch in verschiedenen Farben zu erhalten und verbinden Sichtschutz und Abgrenzung mit Energiegewinnung.

Kombinationen

Kreieren Sie eine stabile Struktur aus gut verankerten Säulen, Pfosten, Heckenpflanzen oder Mauerelementen. Dann füllen Sie die Zwischenräume mit unterschiedlichen Einzelelementen – am besten pro Zwischenraum erst einmal ein Element, z. B. Rankgitter, Holzwand oder frei wachsenden Strauch. Danach können Sie weitere Elemente hinzusetzen wie Kletterpflanzen, Rankhilfen und Kunstobjekte (siehe Zeichnung). Bei kleineren Flächen empfiehlt sich eine ruhige, einheitliche Gestaltung. Bei größeren Flächen ist eine gewisse Abwechslung schöner anzusehen, die durch unterschiedlich breite Elemente erreicht wird.

Sichtschutzflächen lassen sich auch als zweidimensionale Gartenbilder gestalten. Eine Kombination aus Natursteinelementen, Pflanzen und Holzteilen, z. B. innerhalb einer neutralen Fläche aus Holz, Glas oder Beton, eignet sich wunderbar dazu, einen kleinen Raum abzugrenzen.

Ein Teich kann der Mittelpunkt einer parkähnlichen Gestaltung sein. Er sollte nicht zu klein bemessen werden, da die Teichvegetation sich schnell ausbreitet und die Wasserfläche zuwachsen lässt.

Klare stabile Teichkanten sehen nicht nur elegant aus, sondern sind auch ein wichtiges Sicherheitskriterium gegen ungewollte **Badeausflüge**.

Mit Wasser gestalten

Der Einsatz von Wasser als Gestaltungselement in Gärten zählt seit jeher zu den Grundelementen der Gartengestaltung – Wasser als belebendes Element sollte in keinem Garten der Kraft fehlen. Bei Anlage und Pflege ist der Einsatz von Technik und Filtermedien ebenso wichtig wie das Verständnis von den biologischen Zusammenhängen des Wassers.

Wasser sicher genießen

Wasser hat eine magische Anziehungskraft auf Menschen und ganz besonders auf Kinder. Haben Kinder die Möglichkeit, in die Nähe einer Wasserfläche zu kommen, um sie zu berühren oder etwas hineinzuschmeißen, nehmen sie Mühe und Wagnis auf, um sie zu erreichen. Offenbar ist dies bei natürlichen Gewässern kein so großes Problem wie bei künstlichen Teichen im Garten. Wodurch entsteht also das große Sicherheitsrisiko im Garten?

Als Erstes sind die Proportionen der Uferzonen beim natürlichen Gewässer meist größer als im Gartenteich. Bevor wir im Naturteich tiefe Wasser erreichen, haben wir meistens breite Zonen von Morast und Schlamm oder Sand. Konträr hierzu gibt es feste Uferbereiche aus Steinen oder Erde, die direkt an tiefere Wasserzonen anschließen. Offene natürliche Wasserzugänge haben in der Regel feste Standbedingungen. Wie sieht es im Gartenteich aus? Die Flachwasserzonen sind meist klein, sodass die Wasserpflanzen teppichartig über diese hinauswachsen können und dem Betrachter vermitteln, dass sich unter diesem Teppich noch flaches Wasser befindet. Hinzu kommt, dass die meisten Teiche mit Folienabdichtung ausgeformt werden. Der fatale Unterschied zum Naturteich besteht darin, dass nasse, mit Algen bewachsene Folie nicht den geringsten Halt bietet. Tritt jemand nun unbedarft in einen Gartenteich, wird er womöglich ohne Vorwarnung und Widerstand im Wasser landen. Das ist nicht nur für Kinder ein Schock und kann zusätzlich sehr gefährlich werden, wenn man mit dem Kopf irgendwo aufschlägt und das Bewusstsein verliert.

Das wichtigste Bauprinzip im Folienteich ist es daher, möglichst senkrechte Ufer und Wasserstufen zu bauen, die eine trittfeste Kante haben, sodass man zum Tiefwasser hin nicht einbrechen und hineinrutschen kann. Hierzu sollten die Wasserstufen vom Tiefwasser weg geneigt sein. Für den Bau kann man dies am besten durch den Einsatz von Betonrabatten erreichen, die unter der Folie fest eingebaut werden. Die Uferkante wird hierbei mit einer Schlauchwaage oder einem Nivelliergerät „ins Wasser“ gebracht.

Abdichtungsmaterialien

Material	Vorteile	Nachteile
PVC-Folie	• günstig • einfache Ausführung, wenn keine Stückelung erforderlich wird	• PVC-Folien zu verschweißen erfordert Geschick und Erfahrung • temperaturabhängige Elastizität • Alterung durch die Verflüchtigung der Weichmacher: Folie wird zunehmend steif und brüchig • zusätzliche Baustoffe für Teichform und als Schutzschicht durch Teichvlies etc. nötig • bei Rückbau teuer zu entsorgen
Kautschuk-Folie (EPDM)	• günstig (aber teurer als PVC) • leicht, elastisch und verarbeitungsfähig bis 0 °C • Verklebungen (hier Verspleißung) leichter durchzuführen als bei PVC • UV-stabil • dauerhaft mit gleichem Material zu ergänzen	• weniger druckfest und leichter zu durchdringen als PVC • zusätzliche Baustoffe für Teichform und als Schutzschicht durch Teichvlies etc. nötig • bei Rückbau teuer zu entsorgen
Polypropylen-Folie (PP)	• sehr fest gegen die Durchdringung von Wurzeln	• sehr schwer, nur mit Gerät zu bewegen • bei Rückbau teuer zu entsorgen
Glasfaserverstärkter Kunststoff (GFK)	• stabil und dauerhaft • alle Formen denkbar • geringer Aufwand für sonstige Baustoffe • gut mit anderen Gestaltungselementen zu verbinden	• teuer • nicht veränderbare Form • bei Rückbau teuer zu entsorgen
Beton	• sehr stabil: große Gewichtbelastungen durch Felsen, Fahrzeuge etc. möglich • bei handwerklicher Ausführung dauerhaft dicht • Material bei Rückbau recyclebar	• handwerkliche Ausführung teuer • aufwendige Ausführung • hohe statische Ansprüche • aufwendiger Rückbau
Ton	• natürlich • bei Rückbau problemlos zu entsorgen	• erfordert viel Platz und Erfahrung • Uferbereiche dürfen nicht austrocknen, da der Ton sonst rissig und wasserdurchlässig wird

Naturnahe Bachlaufgestaltungen sind der Traum vieler Gartenbesitzer. Eine solche gelungene Anlage erfordert eine gute Planung und Erfahrung, damit das Wasser auch dort läuft, wo man es haben will.

Des Weiteren ist es wichtig, dass Ufergranulate und Kiese nicht diagonal ins Wasser laufen, sondern möglichst eben mit der Uferkante liegen. Um die Folienkante am Ufer zu verdecken, können Mauersteine aus Naturstein auf die erste Wasserstufe gelegt und das Ufergranulat bis zum Stein aufgefüllt werden. Steine aus Muschelkalk sind zusätzlich geeignet, den pH-Wert des Wassers zu erhöhen.

Da Wasser diese magische Anziehungskraft auf Kinder hat, schlage ich vor, den Teich den Bedürfnissen der Kinder entsprechend zu gestalten. Hierzu gehören klare Wasserkanten, die durch Holzdecks und Stege geschaffen werden können. Außerdem lassen sich innerhalb eines Teiches große unbewachsene Flachwasserzonen gestalten, die vom Restteich durch einen Holzbalken oder einer Steinzeile abgegrenzt sind. Der Folienbereich sollte hier am besten auch im Uferbereich fortgeführt werden, damit durch das Heraustragen von Wasser nicht zu große Wasserverluste entstehen. Die restlichen Uferbereiche werden am besten so dicht mit Sträuchern hinterpflanzt, dass nur ein Zugang zum Wasser möglich bzw. attraktiv ist.

Von Gittern und Netzen unterhalb der Wasserkante halte ich nicht viel. Abgesehen davon, dass sie nicht gut aussehen, sind die meisten weder begehbar noch fest im Uferbereich verankert, sodass jemand samt dem Gitter in die Tiefe rutschen, sich dabei in den Maschen verletzen oder verfangen könnte.

Ein dauerhaft eingezäunter Teich ist meinem Empfinden nach ebenfalls keine Lösung, da er die gestalterische Wirkung des Wassers komplett zunichte macht. Einer temporäre nEinzäunung beim Besuch kleiner Kinder ist natürlich nichts entgegenzuhalten.

Wenn auf offene Wasserfläche verzichtet werden soll, weil die Bedenken und der Sicherheitswunsch sehr groß sind, können auch Wasserspiele und Bachläufe ohne offene Wasserflächen geschaffen werden. Hierfür ist ein unterirdischer Wasserspeicher notwendig.

Bei Gartenteichen, die stark bespielt werden, sollte man die Teichtechnik, die mit 220V betrieben wird, nicht im Teich versenken, sondern außerhalb trocken aufstellen und den Wasserkreislauf über Skimmer und Schläuche herstellen. In Schwimmteichen ist der Einsatz von Lichtspannungsgeräten mit Wasserkontakt sogar verboten.

Teiche

Teiche haben einen beruhigenden und ausgleichenden Einfluss auf die Gesamtwahrnehmung des Gartens. In einem Teich ist sowohl tiefe Stille als auch eine gewisse Spannung enthalten. Er symbolisiert für uns einen Zustand von Meditation, in dem wir wach und aufmerksam sind und gleichfalls in vollkommener innerer Ruhe und Gelassenheit verharren. Da Wasser auch für Emotionen steht, sollten wir immer darauf achten, in welcher Qualität sich das Wasser befindet. Klares Wasser zeigt einen klaren Blick auch auf tiefe Gefühle an, trübes Wasser spricht eher davon, dass wir unsere tieferen Gefühle nicht ansehen können und vielleicht auch nicht wollen. Es fordert uns auf, im Äußeren, aber auch im Inneren, für klare Verhältnisse zu sorgen.

Wasserläufe können, müssen aber nicht natürlich gestaltet werden. Ein moderner Wasserlauf ist als sicherer Kinderspielplatz besser geeignet als ein bewachsener Bachlauf.

Die Größe des Teichs in Bezug zur Grundstücksgröße als auch die Nähe zum Haus sind wichtige Kriterien, die auch unser Bedürfnis nach dem bewussten Zugang und Einfluss von Gefühlen in unserem Leben mitgestalten.

Bei der baulichen Anlage gilt es, auf die folgenden wichtigen Details zu achten: Es sind trittfeste Uferkanten herzustellen und mit einem Nivelliergerät „ins Wasser" zu bringen. Wasserstufen und Uferbereiche sollten ebenfalls trittsicher gestaltet werden. Hierzu die Wände möglichst steil abfallen lassen, damit niemand auf schrägen Flächen ins Rutschen kommt! Tiefwasserbereiche sind als Kühlwasserspeicher zu erhalten und nicht durch die Umwälzpumpe zu leiten. Stellen Sie die Pumpe eher im Vegetationsbereich auf, damit das Wasser zum Filtern durch die Pflanzenzone gezogen wird. Wählt man Teichsubstrate für die Ufergestaltung mit alkalischer Reaktion, wird einem pH-Ausgleich durch Regen und Laubrotte entgegengewirkt. Abgestorbene Pflanzen und Pflanzenteile sind aus dem Teich zu entfernen, damit gespeicherte Filterstoffe sich nicht zurücklösen.

Oberflächenskimmer filtern Blütenstaub und -blätter sowie Laub und Früchte ab – dies dient der Reduzierung von Nährstoffen, hauptsächlich von Phosphor als Hauptinitiator von Algenwachstum.

Bachläufe

Bachläufe im Garten bieten einen wertvollen Wassergenuss. Das Gurgeln und Plätschern in unterschiedlicher Intensität und die Klangfarbe sorgen für ein sehr beruhigendes und ausgleichendes Erlebnis. Der Aufwand und der Platzbedarf für einen ansehnlichen und gut funktionsfähigen Bachlauf sind jedoch relativ groß und daher für kleine Gärten nicht zu empfehlen. Energetisch ist es wichtig, dass der Bachlauf nicht direkt vom Haus wegführt. Offenes Wasser, welches vom Haus ständig wegfließt, kann im Gesetz der Resonanz für finanzielle Schwierigkeiten sorgen. Dieses Feng-Shui-Gesetz habe ich schon mehrfach bestätigt gefunden – daher bitte ich um Achtsamkeit! Eine mögliche Gegenmaßnahme wäre eine starke Quelle oder ein weiterer Bachlauf auf der anderen Hausseite mit einer größeren bewegten Wassermenge, die zum Gebäude fließt. Energetisch speist dann die vordere Quelle die hintere – und für das Haus bleibt auch noch genug Energie übrig.

Baulich sind folgende Punkte zu beachten: Uferbereiche sollten großzügig ausgeweitet werden, um unkontrollierte Wasserströme zu fangen. Folienabdichtungen werden möglichst aus einem Stück hergestellt. Gelegte Folien führen im Betrieb zu einem kapillaren Wassersog ins Gelände hinein – auch in Falten gelegte Teichfolie wirkt kapillar. Verkleben Sie die Falte entweder komplett oder aber zumindest den oberen Teil der Falte vor dem Übergang ins Gelände.

Wasserfallstufen müssen so eingedichtet werden, dass das Wasser nur über die Steine laufen kann. Der Wasserrückstau bis zum Überfließen kann 2 bis 5 cm betragen. Wasser hat innerhalb der Staustufen im Betrieb ein Gefälle, was beides bei der Höhe der Uferabdichtung beachtet werden muss. Wasserspeicher für Bachläufe sollten mindestens so groß sein, wie die Menge Wasser, die während des Betriebs unterwegs ist – und das ist nicht wenig! Soll der Bachlauf bepflanzt werden, sind Staustufen notwendig, damit den Pflanzen auch in den Betriebspausen Wasser zur Verfügung steht.

Quellsteine

Mit Sprudelsteinen kann man auch auf kleinem Raum die Qualität von bewegtem Wasser in den Garten holen. Neben dem geringen Platzbedarf ist vor allem der gefahrlose Spielspaß – auch für kleinste Kinder – ein großer Vorteil. Natürlich benötigt ein Quellstein auch wesentlich weniger Pflegeaufwand als ein ganzer Teich.

Energetisch kann ein Quellstein zum Bewusstmachen von Wasseradern auf dem Grundstück eingesetzt werden, die

Sprudelnde Quellelemente vermitteln uns ein Gefühl von Frische und Reinheit.

Das leise Gluckern eines Quellsteins sorgt im Sommer für eine angenehme Geräuschkulisse, die andere Umweltgeräusche in unserer Wahrnehmung neutralisieren kann.

dadurch ihren diffusen Einfluss auf unser Wohlbefinden verlieren. Baulich benötigt ein Quell- oder Sprudelstein einen tiefergelegten Wasserspeicher. Steht der Stein **in** einer Speicherwanne, können Sie eine einfache Mischwanne aus dem Baumarkt verwenden. Wollen Sie den Quellstein **auf** den Speichertank stellen, muss dieser entsprechend stabil sein oder seitlich eingegraben werden. Zusätzlich benötigen Sie dann ein Auffangbecken für das Wasser und eine abgedichtete Verbindung zwischen den beiden Gefäßen.

Technik für Teich & Co

Teichpumpen halten das Teichwasser in Bewegung und ermöglichen einen Austausch in den Freiflächen und Filterbereichen. Für diesen Zweck reicht eine geringe Pumpenleistung aus. Intensive Teichnutzung und eine geringe Pflanzenfilterfläche erfordern für den Erhalt der Wasserqualität einen größeren Umlauf. Achten Sie beim Kauf auf ein günstiges Verhältnis von Wasserfördermenge und Stromverbrauch (Watt), da hier die Betriebsfolgekosten entstehen. Wollen Sie einen Wasserfall oder Bachlauf betreiben, wählen Sie eine möglichst große Pumpenleistung. Die Angaben auf den Herstellerlisten sind meistens sehr optimistisch ausgelegt. Innerhalb der angegebenen Grenzen funktionieren die Pumpen zwar, in den Grenzbereichen aber nur noch als Rinnsal.

Wasserfilter sind unentbehrlich, um Stoffe zu entfernen, die die Verschmutzung und Veralgung des Wassers fördern. Neben Stickstoff sind dies Phosphor sowie basische und saure Zersetzungsprodukte. Wasserpflanzen und Teichfauna wie Schnecken, Muscheln und Fische verbrauchen Nährstoffe und speichern diese in ihren Körpern. Wenn sie sterben und verwesen, werden diese Nährstoffe wieder freigesetzt. Sammeln Sie tote Pflanzenteile und Tiere regelmäßig ab, um Nährstoffrückeinträge in den Teich zu verhindern.
Geringste Mengen Phosphor reichen bereits aus, um eine Algenepidemie auszulösen. Vermeiden Sie daher die Verunreinigung des Teichwassers mit Dachflächenwasser, Leitungswasser, Blütenstaub und -blättern, Fischfutter und Fischkot. Die Wasserbefüllung erfolgt am besten über einen Phosphor bindenden Aktivfilter, der anfliegende Pflanzenteile mit einem

Oberflächenskimmer absaugt und die Fische mager hält. Der Einsatz chemischer Substanzen ist meist von nur kurzer Wirkungsdauer. Für eine algenfreie Wasserqualität können UVC-Lampen zusätzlich zum Einsatz kommen. Sie sind relativ wirkungsvoll, verschleiern allerdings die Tatsache, in welchem Zustand die Wasserqualität wirklich ist und können eine unsachgemäße Teichpflege nicht dauerhaft ausgleichen.
Gute Erfahrungen habe ich mit homöopathischen Hilfsmitteln gemacht, die die Wasserqualität auf energetischer Ebene beeinflussen bzw. in einen Ausgleich bringen.
Eine weitere Möglichkeit ist der Einsatz von Wasserverwirbelungen nach Victor Schauberger, der im Österreich des frühen 20. Jahrhunderts mit Wasserwirbelungen experimentiert hat und erstaunliche Erfolge bei der Wiederbelebung von natürlichen Gewässern hatte. Für den Hausgarten werden Wirbelschalen als Wasserstufen angeboten. Sie funktionieren recht gut, sind allerdings gestalterisch nicht in jeden Garten zu integrieren.
Am besten hat sich eine Kombination aus verschiedenen Filtern und Pflegemaßnahmen bewährt. Die Teichbiologie verändert sich auch über die Jahre und innerhalb des Jahres, sodass unterschiedliche Reinigungsschwerpunkte entstehen.

Flora und Fauna

Bei der Auswahl von Teichpflanzen und -tieren sollten Sie sich genau informieren, wie diese sich entwickeln und ob sie für Ihren Gartenteich geeignet sind. Manche Arten, z. B. Schilf, Rohrkolben, viele Seerosen und Goldfische, vermehren sich so stark, dass eine jährliche Reduzierung erforderlich werden kann. Fische sollten am besten ohne Zufütterung auskommen. So wachsen sie nur so stark, wie es die Teichgröße erlaubt. Empfehlenswert sind Unterwasserschwimmpflanzen, Seemuscheln, aber auch einige Fische wie Graskarpfen und Störe, da sie eine günstige Wirkung auf die Wasserreinigung haben.

Trockenwassergarten

Mit dem Begriff „Trockenwassergarten“ bezeichnet man einen Gestaltungsimpuls aus Japan. Hierzu zählen auch die berühmten Klostergärten in Kioto, die mit geharktem, weißem Kies den Ozean um eine Inselgruppe herum nachbilden. In einem Trockenwassergarten wird ein Bachlauf oder Gewässer gestalterisch nachgebildet, wobei das Wasser durch Flusssteine oder Kies ersetzt wird – so kann man die beruhigende Wirkung von Wasser in den Garten integrieren, ohne einen echten Teich oder Bachlauf anlegen zu müssen.
Eine weitere Möglichkeit stellen ausgewählte Flusssteine dar, die man entsprechend dem Wasserlauf und der Wellenbewegung legt. Allein die Ausführung, aber auch die Pflege dieser Anlagen ist mit einer meditativen Grundhaltung verbunden, die sich ganz und gar auf die Dynamik des Wassers einlassen muss, um es möglichst wirkungsecht darzustellen.

Kunst- und Design-Objekte sind für eine individuelle Gartengestaltung wichtige Details, da sie die persönliche Note einer Anlage besonders darstellen. ***Das Spiel mit einer möglichen Nutzbarkeit wirkt anregend auf unsere Fantasie.***

Kunstobjekte als Impulsgeber

In einem Garten der Kraft können Objekte jeder Art als Impulsgeber für bestimmte Informationen und Energien eingesetzt werden. Daher sollten Sie sich die Dinge, die Sie sich in den Garten stellen, genau anschauen. Im Handel mit Gartenantiquitäten werden häufig historische Friedhofsausstattungen angeboten, von denen ich persönlich nichts in meinem Garten haben wollte. Für sensitive Menschen sind die daran haftenden Energiefäden der Trauer gut wahrnehmbar. Auch von günstigem Gartenkitsch rate ich ab. Dieser ist oft mit wenig Sinn für Ästhetik kreiert und unter fragwürdigen Bedingungen hergestellt worden. Diese Gegenstände sind meist so inhaltsleer, dass sie eher Energie absaugen als Impulse setzen.
Es gibt inzwischen viele Künstler und Kunsthandwerker, die mit viel Freude und Sinn Objekte für den Außenbereich herstellen – manchmal dauert es einfach, bis Sie **Ihr** Objekt gefunden haben.

Sehr schön ist es für mich persönlich, Fundstücke von Reisen im Garten einzugestalten. Hieraus ergeben sich nette Anekdoten und eine Möglichkeit, in die Situationen der Entdeckung zurückzureisen.

Materialien

Bei der Auswahl von Objekten sollten Sie auch mit dem verwendeten Material wählerisch sein. Insbesondere große Stahlteile (siehe S. 91) beeinflussen das Erdmagnetfeld in starker Weise, was wiederum bei uns Menschen Stress verursacht – nicht erwünscht in einem Kraftgarten. Kleinere Stahlobjekte in einer gewissen Entfernung von den Erholungsbereichen sind jedoch unbedenklich. Das Gleiche gilt für senkrechte Stahlbetonteile, die in uns ebenfalls ein gewisses Unbehagen hervorrufen.
Günstig sind auf jeden Fall Objekte aus glasierter und unglasierter Keramik. Hier werden viele künstlerische Arbeiten angeboten, die am besten bei den Künstlern direkt erworben werden. Gebrannte Keramik fällt im Gartenzusammenhang durch ihre künstliche Andersartigkeit auf und hat doch ein Element der Verbundenheit.
Des Weiteren empfehle ich Objekte aus massivem Holz, robuste Korbflechtarbeiten und Skulpturen aus Natur- bzw. Kunststein. Sehr edel wirken Objekte aus Bronze. Auch wenn diese relativ teuer sind, kann man mit kleineren Figuren, die einen exponierten Platz auf einer Steinsäule bekommen, eine große Wirkung erzielen.

Objekte sind Anekdoten, erzählen Geschichten und lassen Geschichten entstehen. Oftmals begleiten sie den Garten nur über eine gewisse Zeit hinweg. Es ist wichtig, die Objekte nicht ganz der Natur zu überlassen, sondern sie zu entfernen, wenn Sie keine angenehme Stimmung mehr vermitteln.

Moderne, farbige Materialien sorgen punktuell für eine schöne Spannung mit den Elementen der Natur. Keramik verbindet auffällige Farbigkeit und natürliche Materialität.

Die Wirkung von Objekten

Die Frage, welche Objekte Sie für welche energetische Wirkung oder Impulssetzung einsetzen sollten, ist pauschal sehr schwer zu beantworten. Große Objekte setzen deutliche Impulse und bestimmen die Wirkung der Anlage, kleine Objekte differenzieren die vorhandene Anlage in Ihrer Wirkung. Langlebige Objekte erhalten über die Jahre eine eigene Aura. Die Pflege, die ihnen zuteil wird, ist sehr entscheidend für die Wirkung, die sie entfalten.

Temporäre Objekte sorgen für dynamische Impulse. Hier ist es wichtig, sie rechtzeitig wieder zu entfernen, bevor die Natur mit dem Umwandlungsprozess der Objekte beginnt. Dieses Entfernen von alten Gartenaccessoires ist übrigens ein sehr kraftvolles Ritual, dass auch für einen selber das Ende einer Etappe manifestiert und die Sinne für das Entstehen von Neuem öffnet. Diese Art Objekte zu erschaffen, um sie dann wieder zu zerstören, kann ein meditativer Gestaltungsprozess sein. Hierzu zählt auch die Beobachtung, wie die Natur die Objekte verändert.

Keramik

Keramik hat als Objekt, aber auch als Teil von Gebäuden und in Wegeflächen einen eigenen Charme. Es ist vielleicht das Zusammenspiel der vier alchimistischen Elemente Erde, Wasser, Luft / Geist und schließlich Feuer im Wesen und Entstehungsprozess der Keramik, welches uns besonders anspricht. Durch die Künstlichkeit farbiger, leuchtender Glasuren im Naturzusammenhang, sind Keramikobjekte gute Impulsgeber und dienen als „Lichtpunkte" im Garten, die besonders in der farblosen Winterzeit für Freude sorgen.

Keramik für den Außenbereich muss wasserdicht gebrannt werden, um die kalten Winter ohne Frostschäden zu überstehen. Viele Keramikwerkstätten bieten Objekte für den Außenbereich an. Besonders gerne verwende ich farbige Pflastersteine für die Akzentuierung und Auflockerung von Pflaster- und Plattenbelägen auf Wegen und Einfahrten, in Eingängen und auf Terrassen.

Individuelle Gartengestaltung ist arbeitsintensiv. Bei Eigenleistung sollte die Zeitkalkulation besser sehr hoch angesetzt werden, um eine realistischen Vorausschau zu bekommen.

Organisation & Praxistipps

Werden Sie selber im Garten tätig oder wollen Sie die Arbeiten vollständig vergeben? Sie sollten sich zumindest mit Ihren Wünschen und Bedürfnissen tiefer befassen, um diese den Planern und Ausführenden möglichst gut vermitteln zu können. Manchmal kann es sinnvoll sein, die Umgestaltungsmaßnahmen in zwei oder drei Etappen auszuführen, um die veränderte Situation auf sich wirken zu lassen. Eine gelungene Gestaltung braucht Reifezeit. Hauruck-Aktionen bringen selten ein optimales Ergebnis und sind oft teurer oder frustrierend, wenn es dann doch nicht so klappt wie gedacht. Die Ausführung in Etappen hat auch den Vorteil, dass Sie die Gestaltung kostenmäßig eher überblicken und gegebenenfalls rechtzeitig reagieren können, ohne unleidige Kompromisse eingehen zu müssen.
Bei Neuanlagen sollte die Gartenplanung schon in der Zeit der Rohbauarbeiten beginnen, um wichtige Maßnahmen gleich in der besten Weise auszuführen, wie die Verdichtung in Grubenbereichen unter zukünftigen Wegen und Plätzen.

Planungshilfe

Geomantische Bewertung: Sind Sie noch unsicher in der geomantischen Bewertung, suchen Sie sich möglichst jemanden, der sich in dieser Richtung betätigt und Sie unterstützen kann. Manche Geomanten und Rutengeher neigen allerdings zur Schwarz-Weiß-Malerei. Lassen Sie sich nicht entmutigen: Keine schwierige Situation ist unlösbar!

Planung für professionelle Umsetzung: Benötigen Sie in der Bauumsetzung auf weiten Strecken fremde Hilfe, so suchen Sie sich einen Gartengestalter, der sich auf Ihre Vorstellungen einlassen will. Am besten ist es, wenn Sie ihm Ihre Pläne zur Überarbeitung mitgeben. Es werden sich sicherlich Verständnisfragen und unterschiedliche Vorstellungen zur Umsetzbarkeit ergeben. Sie haben dann die Gelegenheit, gemeinsam zu einer guten Lösung zu kommen bzw. die Intention Ihrer Planung und der Details klarzustellen.

Professionelle Planung: Möchten Sie die Planung einem Gartenplaner oder Architekten übergeben, so dürfen Sie dieses

Ein Bauablaufplan mit allen Vorarbeiten, Materialien und wichtigen Einfällen zu Ausführungsdetails erleichtert die Umsetzung erheblich und ermöglicht es uns, Problemfragen im Vorfeld zu erkennen.

Buch gerne weiterempfehlen, damit er oder sie einen Einblick in Ihre Gestaltungsintention erhält. Sie sollten sich aber zumindest mit den energetischen Gestaltungsprinzipien auseinandergesetzt haben, damit Sie ihm oder ihr mitteilen können, was Ihnen dabei wichtig ist.

Ausführung in Eigenregie

Ablauf und Reihenfolge: Bevor Sie beginnen, überlegen Sie genau, welche Arbeiten in welcher Gartenecke erforderlich sind. Für Leitungen, Fundamente und Bodenaustausch werden Erdarbeiten notwendig. Für schwere Baustoffe, Bauteile und große Pflanzen benötigen Sie stabile Transportwege. Einen Ablaufplan zu erstellen, hilft Ihnen auch bei der Frage, ob die Gestaltung des Gartens in der von Ihnen gewünschten Form überhaupt von Ihnen allein umzusetzen ist.

Fundamentierung: Um die dauerhafte Stabilität von Konstruktionen, Flächen und Bauwerken zu sichern, bedarf es einer angemessenen Fundamentierung und Verankerung. Erkundigen Sie sich bei Lieferanten und Bausachverständigen.

Erdarbeiten: Achtung Leitungen! Wollen Sie Tiefbauarbeiten für die Gartengestaltung in Eigenregie ausführen, sollten Sie bei örtlichen Energieversorgern und anhand von Kanalleitungsplänen die Lage von Leitungen ausfindig machen. Beschädigungen werden auf ihre Kosten behoben. Bei Starkstromleitungen besteht Lebensgefahr!

Hausabdichtung: Im Bodenbereich ist zum Haus hin für eine Belüftung der Hauswand und Schutz vor Grundwasser zu sorgen. Oberflächenwasser darf niemals auf das Gebäude zulaufen. Wenn dies unvermeidbar ist, muss eine Rinnenentwässerung eingebaut werden, die die Gebäudewände vor Wasserschäden schützt.

Körperliche Leistungsfähigkeit: Gartenbauarbeiten sind sehr vielfältig in den Arbeitsschritten, die zum letztendlichen Ergebnis führen. Dies dauert seine Zeit. Sind Sie unerfahren und wollen die Arbeiten in Ihrer Freizeit ausführen, überlegen Sie genau, wie viel Sie sich und Ihrer Familie zumuten wollen und können.

Der Alltag im Kraftgarten

Der Alltag im Kraftgarten kann sich vom dem in einem anderen Garten unterscheiden – weil wir ihm mit einem besonderen Bewusstsein begegnen.
So ein Garten wird uns mit einer größeren Intensität und Verbundenheit aufnehmen. Nutzen wir ihn als Kommunikations- und Verwirklichungsraum unseres Bewusstseins im kraftspendenden Austausch mit der Erde.

Steintürme aus Flusssteinen aufzubauen kann eine gute Art sein, in eine tätige Meditation zu gehen. Sie gelingen nur, wenn man selber in seine stabile Mitte kommt.

Meditation im Garten

Ich habe schon viel über die Gestaltung des Gartens als unseren persönlichen Verbindungsraum zur Natur gesprochen. Wirkungsvoller und gleichfalls wichtiger erscheint mir jedoch, dass wir uns in diesem Raum auch bewusst in die Verbindung hineinbegeben. Ein guter Weg ist die stille Meditation oder das meditative Wirken im Garten. Sie können sich in stiller Meditation verbinden, ohne im Lotussitz zu sein. Für Außenstehende kann es so aussehen, als wenn Sie ein kurzes Sonnenbad nehmen. Die aktive Meditation muss nicht das Harken eines Kiesfeldes im Stil buddhistischer Mönche, sondern kann ganz normale Gartenarbeit sein, die Sie jedoch mit der inneren Haltung der Meditation ausführen. Versuchen Sie am besten, Gartenarbeit nicht als eine Pflichtveranstaltung zu absolvieren, sondern disziplinieren Sie sich dazu, diese Arbeit in einer inneren meditativen Haltung zu vollführen:

- Hingabe an die Ganzheit des Gartens, unserem Tun darin, dem Ziel und dem Weg unseres Handelns und unserer Person in der Ganzheit der Empfindungen, Vorstellungen und Begrenzungen hierzu.
- Leichtigkeit, aber Bestimmtheit bei der Umsetzung der Ziele. Das Gemüt und die Bewegungen sollten frei und ungezwungen sein.
- Freude über das eigene Tun, die Begegnungen und die Veränderungen sowie Mitgefühl für die Veränderungen an Pflanzen und Boden.
- Dankbarkeit für die vor uns liegende Aufgabe und Erleichterung und Festlichkeit nach Vollendung der Aufgabe.

Meditative Gestaltung

Dieses Tun ist nicht so sehr darauf ausgelegt, etwas Bleibendes zu gestalten, sondern vielmehr eine Form immer wieder neu zu erfinden – eine temporäre Installation, die nach der Fertigstellung und einer kurzen Meditation darüber wieder zerstört wird, um Raum für eine weitere Installation an einem anderen Tag freizumachen. Als Material empfehle ich natürliche, unveränderte Materialien wie handliche Steine, Äste oder Stöcke, Laub, Blüten, ja sogar Sand und Tonerde. Als Platz ist jeder Ort geeignet, an dem wir uns ungestört fühlen und uns ganz auf unser Tun konzentrieren können.

Als Figuren und Formen eignen sich beispielsweise Spiralen, Kreise, geometrische Figuren wie Pentagramme oder Oktogramme, aber auch Körper wie Kegel, Halbkugeln, Wellen oder mehrteilige Türme aus Kieselsteinen sowie Rauminstallationen aus Ästen – ähnlich einem umgekehrten Mikadospiel.

Die Regungen und Bilder der Natur können in einem meditativen Zustand die Quelle einer Inspiration werden.

Die Arbeiten des schottischen Künstlers Andy Goldworthy zeigen, wie dies ausschauen kann. Es geht jedoch weniger um das Austesten eines erstaunlichen Ergebnisses, als vielmehr um den Prozess des Entstehens, der auch mit einer Frage oder einem bestimmten Thema verbunden werden kann, sodass die Handlung mit der Entwicklung einer Fragestellung einhergeht.

Das Wesen der Meditation

In der Meditation geht es darum, einen Zustand innerer Leere zu erreichen und aufrechtzuerhalten. Idealerweise befinden wir uns in einem Zustand zwischen Wachen und Schlafen, einem Gelöstsein, ohne zusammenzufallen. Wir versuchen in der Meditation, den Lärm unserer Gedanken zu stoppen, unsere Emotionen zu beruhigen und unsere Körperempfindungen auf die Beobachtung unseres Atems zu reduzieren. Hierzu verhelfen uns Körperpositionen aus dem indischen Yoga, von denen der Lotussitz die Bekannteste ist. Die Haltung der Wirbelsäule ist hierbei aufrecht, der Kopf leicht geneigt und die Augen nicht geschlossen, sondern leer in Richtung Nasenspitze blickend. Der Atem fließt gleichmäßig und tief vom Bauch bis zur Brust. Um den Geist zu beruhigen, ist es hilfreich, der Bewegung und dem Geräusch der Atmung zu folgen. In diesem Zustand sind wir offen für feine Signale aus parallelen Wirklichkeitsebenen, die uns Ideen zu grundlegenden Fragen geben und unseren Geist mit Inspiration erfrischen können. Außerdem werden Körper, Emotionen und Gedanken auf diese feinen, lichtvollen Wirklichkeitsebenen ausgerichtet. Seelischer und emotionaler Ballast wird gelöst und ausgeleitet.

Meditationsimpulse der sieben Jahreszeiten

Die sieben Jahreszeiten unterteilen das Jahr entsprechend der Wachstumsschübe und Veränderungen in der Natur. Diese Orientierung kann uns helfen, unsere eigenen emotionalen Höhen und Tiefen besser zu verstehen und uns durch die Anbindung an die natürlichen Lebensrhythmen zu einer zufriedenstellenden Entwicklung verhelfen.

Winter beginnt Ende November und reicht bis zum Ende der Kältestarre der Natur. Die Natur zeigt uns, dass dies eine Zeit der Ordnung und Struktur ist. An der Oberfläche ist alles auf das Nötigste reduziert. Im Inneren jedoch erfolgt eine Sammlung, ein Träumen vom neuen Erwachen, ein Abwägen des erhaltenen Guten und des erfahrenen Schlechten, aus dem sich eine Neuausrichtung auf das ergibt, was bestenfalls kommen darf. Nutzen Sie diese Zeit in gleicher Weise, wie die Natur es tut. Planetenimpuls: Saturn, Mond. Jahresfeste: Wintersonnwende, Weihnacht, Raunächte, Dreikönig, Befana.

Vorfrühling beginnt mit dem Ende der Winterstarre. Die ersten Blütenimpulse der Natur sowie ein Anschwellen der Baumknospen verrät uns: Alles ist bereit! Eine Zeit der Vorfreude auf die kommende Zeit der Lebendigkeit beginnt, der wir uns vertrauensvoll hingeben sollten. Das Neue ist bereits angelegt, wir müssen uns nicht mehr darum sorgen. Wir üben uns in Geduld, die sich nur aus der Vorfreude nährt und uns unsere Zweifel offenbaren wird (Fastenzeit). Planetenimpuls: Merkur. Jahresfeste: Chinesisches Neujahr, Valentinstag, Karneval.

Frühling beginnt mit dem Aufbrechen des Grüns in der Natur Mitte bis Ende März und führt durch die erste Blütenwelle der Sträucher und Obstbäume bis zur Schwelle der großen Wiesenblüte Mitte bis Ende Mai. Wir sind aufgefordert, uns in den Fluss des sich neu entfaltenden Lebens einzufügen. Der Impuls lautet: Vertrauensvoll handeln, nicht wollen, nicht planen, nicht abwägen, einfach tun! Planetenimpuls: Venus. Jahresfeste: Frühjahrstag- und Nachtgleiche, Ostern, Walpurgis / Maifeiertag, Christi Himmelfahrt.

Frühsommer beginnt mit der großen Blütenwelle und dem ersten Rosenflor Mitte bis Ende Mai und endet auf dem Höhepunkt dieser ersten Welle einen Monat später, etwa Ende Juni. Beobachten wir das tolle Treiben und lassen uns emportragen mit dem Streben der Blütentriebe. Ideen und Wünsche beginnen sich zu manifestieren. Welche Freuden konnten wir erfahren und haben sich in unser Leben gesellt? Beachten wir auch die kleinen Erfolge und würdigen die Impulse, die wir im Winter gesetzt haben! Planetenimpuls: Jupiter. Jahresfest: Pfingsten.

Sommer beginnt mit der Sommertag- und Nachtgleiche Ende Juni und führt uns durch den August hindurch. Die Fülle „schwappt" über, Ordnung und Struktur gehen verloren und müssen sich neu definieren. Eine Zeit des Rückblicks auf die erste Jahreshälfte beginnt. Wie viele Erwartungen blieben unerfüllt, wie viel kam unerwartet zu uns und drängt zur Vollendung und Entscheidung? Die Ruhe des Hochsommers fordert zur Gelassenheit und inneren Stille auf. Planetenimpuls: Mars, Saturn. Jahresfeste: Sonnwend, Johannistag.

Spätsommer beginnt mit dem meteorologischen Herbstanfang um den 1. September und endet mit dem Vegetationsabschluss im Oktober. Die Idee eines zweiten Frühlings nach einer drückenden Phase des Sommers erhellt unser Bewusstsein. Jetzt wollen wir noch mal nachholen, was uns im Frühjahr nicht glückte. Selbstbestimmt ergreifen wir die Initiative. Planetenimpuls: Venus, Uranus. Jahresfeste: Mariä Geburt, Erntedank, Michaelistag, Herbsttag- und Nachtgleiche.

Herbst beginnt mit den ersten starken Frösten, die das Wachstum zum Erliegen bringen, und endet mit der Wintersonnwende Ende Dezember. Es ist einer Zeit der Reife und des Vollendens. Die Ernte wird offenbar und wir erkennen, ob wir den Jahreslauf zu unserem Wohle gemeistert haben. Wir können die Endlichkeit des Irdischen begreifen und uns auf die Suche nach der Ewigkeit des innewohnenden Geistes machen. Planetenimpuls: Pluto, Neptun. Jahresfeste: Allerheiligen, Halloween, Dewali (indisches Neujahr), Advent.

Die Spirale ist ein wunderbares Symbol, um den Kreis des Lebens als einen Entwicklungsweg zu gestalten. Die Ausführung kann bereits eine Meditation sein.

Gartenpflege als Weg der Selbstschulung

Unsere eigene Persönlichkeit entdecken

Gartenarbeit ist die beste Psychotherapie, die es gibt. Wir begegnen den Elementen in ihrer Vielfalt und setzen ihrer Vitalität unsere eigene entgegen. Ein Kräftemessen mit ungleichen Partnern, in dem wir unser Geschick, unsere Flexibilität und unsere Ausdauer erproben können. Gleichzeitig arbeiten wir uns – im Gesetz der Resonanz – an einem lebendigen Spiegelbild unserer selbst ab. Das heißt, dass Prozesse in uns entstehen, die uns zu einem Verstehen, Entscheiden, Nachgeben, Entdecken und Vollbringen führen. Dies passiert ganz automatisch, wenn wir es nur zulassen. Wir können diesen Blick auf den inneren Zusammenhang aber auch kultivieren. Beobachten wir, welche Arbeiten uns besonders schwerfallen und welche wir leicht vollbringen, dann können wir uns fragen, ob die Botschaft dahinter auch zu unserer Persönlichkeitsstruktur passt. Wenn wir ehrlich sind, müssen wir dem wahrscheinlich mehr oder weniger zustimmen. Wenn wir eine dieser Strukturen gerne verändern oder weniger stark leben wollen, können wir dies unterstützen, indem wir die entsprechende Arbeit beim nächsten Mal anders ausführen. Oder wir verzichten vielleicht ganz auf diese Arbeit, um die Welt einmal in einem anderen Zusammenhang wahrzunehmen.

Gartenarbeit und ihre innere Botschaft

Flächiger Gehölzschnitt mit der Heckenschere: Es kann hilfreich sein, sich mit seiner Entwicklung und seinen Lebensäußerungen in einen gesellschaftlich tolerierten Rahmen unterzuordnen.

Einzelner Gehölzschnitt mit der Rebschere: Zur Entwicklung einer eigenen, gesellschaftlich anerkannten Persönlichkeit ist es wichtig, sich durch die Ratschläge und Meinung einzelner, vorbildhafter Menschen inspirieren zu lassen.

Unkräuter jäten: Unklarheiten im eigenen Bewusstsein beseitigen. Jede menschliche Errungenschaft ist nur durch Absicht und Beständigkeit aufrechtzuerhalten.

Kompostpflege: Notwendiges Loslassen von unnötigen Eigenschaften, Ideen oder Dingen ist die Grundlage für neue Entwicklungen.

Teichpflege: Die schönsten Blüten nähren sich oft aus den dunkelsten Gründen. Das Zusammenspiel von Vergehen und Entstehen ist die Grundlage allen Lebens.

Steine lesen, Rasenkanten stechen: Struktur und Ordnung erschaffen unbeschwerte Freiräume.

Rasen mähen: Wenig Individualismus ist bequem fürs Auge, oder ich werde getragen von einer Gesellschaft, deren Mitglieder ihre Individualität für das große Ganze einschränken.

Pflanzung: Aktiv sein, sich einbringen in eine soziale Gruppe. Den anderen einen Platz und eine Bedeutung im eigenen Leben zuweisen und zugestehen.

Säen: Vertrauen in den Rhythmus des Lebens. Ein kleiner Impuls der Zuversicht kann den Reichtum der Zukunft begründen.

Gießen: Am Rhythmus des Lebens zweifeln. Seiner eigenen Idee für das Wohl der anderen folgen, wodurch die Eigenständigkeit und Unabhängigkeit der anderen beeinträchtigt wird und sie in Abhängigkeit geraten.

Anschauen, betrachten: Gesellschaftliche Entwicklungen einschätzen lernen. Verstehen und Toleranz gegenüber den Regungen der anderen entwickeln.

Gartenarbeit können wir nutzen, um unsere eigenen Stärken und Schwächen zu beobachten. Schaffen wir es, einer Tätigkeit in einer Art nachzugehen, schulen wir dadurch auch unsere soziale Kompetenz.

Die Wahl der Werkzeuge ist ein wichtiger Erfolgsbaustein in der Gartenpflege. Werkzeuge aus Kupfer verändern die Bodenspannung in eine günstige Richtung, Kraile sind zum Pflegen und Ebnen von Flächen sowie zum Säubern von Staudenbeeten gut geeignet. Der langschaftige Wurzelstecher ist der ideale Helfer zur vollständigen Entfernung von Beikräutern.

Die Auswahl der Gartengeräte

Wie überall, wenn es um handwerkliches Arbeiten geht, sind gute Werkzeuge schon die halbe Wegstrecke. Hier sollte nicht gespart werden. Wegen des meist hohen Preises fallen gute Werkzeuge jedoch oft aus dem Raster der Kundenauswahl und sind im Hobbysegment nicht konkurrenzfähig und werden daher oft gar nicht angeboten. Gute Gartengeräte sind in der Regel aufwendig verschmiedet und haben ein hohes Eigengewicht, dafür brauchen wir dann nicht so viel Kraft bei der Benutzung einzusetzen. Bei den Schnittwerkzeugen ist die Qualität des Stahls entscheidend. Hier sind Traditionsfirmen aus Deutschland und der Schweiz nach wie vor führend. Eine Besonderheit stellen Werkzeuge aus Kupferlegierungen dar. Sie erzeugen eine andere Ladungsausrichtung im Boden als Eisengeräte und wirken dadurch förderlich auf die Entwicklung der Pflanzen und des Bodenlebens.

Pflanzenhilfsstoffe

Wer einen vitalen Garten möchte, sollte auch an die gute Versorgung von Boden und Pflanzen denken. Bei Düngern tendiere ich zu solchen mit ausschließlich natürlichen Inhaltsstoffen. Diese fügen sich besser in den Naturkreislauf ein und fördern die Pflanzen- und Bodengesundheit langfristig. Ich vergleiche es gerne mit einem Frühstück aus einer Scheibe Vollkornbrot oder alternativ aus einer Scheibe Toastbrot. Welches Frühstück versorgt uns besser mit vielfältigen Nährstoffen und gibt uns auch an einem anstrengenden Morgen genug Kraft und Ausdauer? Die Antwort kann sich jeder selbst geben – bei den Pflanzen ist es nicht anders. Pflanzenhilfsstoffe wie Bodenaktivatoren oder solche, die mit homöopathischen Informationen arbeiten, sorgen für eine verbesserte Nährstoffversorgung mit den vorhandenen Kapazitäten und reduzieren den Einfluss anderer Stressfaktoren auf die Pflanze. Sie können hierbei auch mit homöopathischen Hausmitteln experimentieren. Gut bewährt haben sich auch Bachblütenessenzen, die über das Kartenset ausgewählt werden können.

Service

Literatur

Geomantie

Brönnle, Stefan: **Landschaften der Seele** – Landschaften, Geomantie und ihre Auswirkungen auf die menschliche Psyche. Schirner, Darmstadt, 2006

Jordan, Harald: **Orte heilen.** Die energetische Beziehung zwischen dem Menschen und seinem Wohnort. AT Verlag, CH-Aarau, 2008

Skinner, Stephen: **Sacred Geometry.** Deciphering the Code. Sterling Publishing, New York, 2006

Hagia Chora. Zeitschrift für Geomantie von Human Touch Medienproduktion GmbH, Klein Jasedow (3- bis 4-mal im Jahr)

Naturphilosphie

Harding, Mike: **A little book of the green man.** Aurum Press Ltd., London, 1998

Kerner, Dagny und Imre: **Der Ruf der Rose**. Kiepenheuer & Witsch, Köln, 1994

Pogacnik, Marko: **Elementarwesen.** Begegnungen mit der Erdseele. AT Verlag, CH-Aarau, 2007

Bartholomew, Alick, Schauberger, Viktor u.a.: **Das Verborgene in der Natur**. Wasser, Naturkräfte und das Wirken des Menschen. AT Verlag, CH-Aarau, 2006

Storl, Wolf-Dieter: **Pflanzendevas**. AT Verlag, CH-Aarau, 2006

Tompkins, Peter und Bird, Christopher: **Das geheime Leben der Pflanzen**. Pflanzen als Lebewesen mit Charakter und Seele und ihre Reaktionen in den physischen und emotionalen Beziehungen zum Menschen (Beschreibung der Arbeit von Cleve Backster), Fischer Verlag, Frankfurt,1977

Alternative Bewirtschaftung

Holzer, Sepp u.a.: **Sepp Holzers Permakultur.** Praktische Anwendung für Garten, Obst- und Landwirtschaft. Leopold Stocker Verlag, A-Graz, 2004

Steiner, Rudolf: **Geisteswissenschaftliche Grundlagen zum Gedeihen der Landwirtschaft.** Landwirtschaftlicher Kurs. Rudolf Steiner Verlag, CH-Dornach, 2005

Wasser

Emoto, Masaru: **Wasser und die Kraft des Gebets**. Koha, Burgrain, 2005

Essbare Gärten

Arche Noah: **ARCHE NOAH Sortenhandbuch –** gefährdete Kulturpflanzen wirksam verbreiten! Arche Noah Eigenverlag, A-Schiltern, 2011 (erscheint jährlich). www.arche-noah.at

Heistinger, Andrea und Arche Noah: **Handbuch Bio-Gemüse.** Sortenvielfalt für den eigenen Garten. Löwenzahn Verlag, A-Innsbruck, 2010

Henschel, Detlev: **Essbare Wildbeeren und Wildpflanzen**, Kosmos Verlag, Stuttgart, 2002

Gartengestaltung

Conran, Terence und Pearson, Dan: **Garten-Ideen Garten-Design.** Das große Conran Gartenbuch. Callwey Verlag, München, 2007

Goldsworthy, Andy: **Mauer.** Zweitausendeins Frankfurt am Main, 2000

Nitschke, Günter: **Japanische Gärten.** Rechter Winkel und natürliche Form. Taschen Verlag, Köln, 2003

Pirc, Helmut: **Alles über Gehölzschnitt.** Ulmer Verlag, Stuttgart, 2008

Pflanzen

Gaissmayer, Dieter: **Hauptkatalog der Staudengärtnerei Gaissmayer.** Staudengärtnerei Dieter Gaissmayer, Illertissen, 2011 (www.pflanzenversand-gaissmayer.de)

Reif, Jonas: **Foerster Stauden Kompendium**. Staudenkatalog mit umfangreicher Bilddarstellung und Beschreibung. Foerster-Stauden GmbH, Potsdam, 2010 (www.foerster-stauden.de)

Throll, Angelika und Kiermeier, Peter (Hrsg.): **Das Kosmos Handbuch Gartengehölze.** 1500 Bäume und Sträucher. Kosmos Verlag, Stuttgart, 2005

Throll, Angelika und Wolff, Jürgen (Hrsg.): **Die große Enzyklopädie der Gartenpflanzen.** Kosmos Verlag, Stuttgart, 2008

Nützliche Adressen

Geomantie

Gärten und Geomantie
Heiko Hähnsen
Schlossstraße 16
74638 Waldenburg
www.gaertenundgeomantie.de

→ Geomantische Freiraumgestaltung und -beratung, Grundstücksbewertung, geomantische Gartengestaltung im Landkreis Hohenlohe und Schwäbisch Hall

Natürliche Gärten
Martin Hecking
Sonnenstraße 10
86911 Dießen am Ammersee
Tel.: 08807 / 2141655
E-Mail: info@natuerlichegaerten.de
www.natuerlichegaerten.de

→ Gartenplanung und -gestaltung

Monika Steputh
Schlossstraße 16 (im Schloss)
74638 Waldenburg
www.kahi-loa.de

→ Hausentstörung durch geistige Alchemie

axis mundi institut
Hans Jörg Müller
Geomantie und integrale Planung
Moltkestraße 12
84453 Mühldorf
Tel.: 0 86 31 / 16 57 77
E-Mail: mail@axis-mundi.info
www.axis-mundi.info

→ Seminare, Beratung, Planung und Adressvermittlung

Essbare Gärten

ARCHE NOAH
Gesellschaft für die Erhaltung der Kulturpflanzenvielfalt & ihre Entwicklung
Obere Straße 40
A-3553 Schiltern
www.arche-noah.at

→ Literatur, Schaugarten, Saatgut- und Jungpflanzen, Seminare

Wildkräuter

IG Wildkräuter
Interessengemeinschaft der Kräuterpädagoginnen Nord-Württemberg/Nord-Baden
Helga Hennebold (1. Vorsitzende)
Sonnenbergstraße 36
74626 Dimbach
Tel.: 0 79 46 / 64 53
E-Mail:helga@hennebold.de
www.ig-wildkräuter.de

→ Kräuterführungen, Kräuterverwendungsseminare, Veranstaltungen

Naturdüfte

Naowa Naturkosmetik- & Duftmanufaktur
Lindenbrunnen 8
74538 Rosengarten
Tel.: 07 91 / 9 46 08-12
Fax: 07 91 / 9 46 08-13
E-Mail: naowa@naowa.de
www.naowa.de

→ Umfangreicher Düfte-Katalog, Seminare zu Düften und Naturküche

Gehölze

GartenBaumschulen BdB e.V. (GBV)
Das Betreuer-Team
Dieker Straße 68
42781 Haan
Tel.: 0 21 29 / 93 21-0
Fax: 0 21 29 / 67 38
www.gartenbaumschulen.com

→ Mit „Gartenbaumschulen“ bezeichnete Betriebe haben ein weites Sortiment und sind spezialisiert auf Privatkunden.

Stauden

Stauden Ring GmbH
Im Drielaker Moor 33
26135 Oldenburg
Tel.: 04 41 / 36 10 98 77
Fax: 04 41 / 36 10 98 76
www.staudenring.com

→ Vereinigung von größeren Staudengärtnereien im ganzen Bundesgebiet mit Suchfunktion für weitere regionale Baumschulen und Staudengärtnereien in D, A und CH.

Staudengärtnerei Gräfin von Zeppelin
Weinstraße 2
79295 Sulzburg-Laufen
Tel.: 0 76 34 / 6 97 16
Fax: 0 76 34 / 65 99
E-Mail: info@graefin-von-zeppelin.de
www.graefin-v-zeppelin.com

→ Umfangreiches Pflanzensortiment mit großem eigenem Züchtungsprogramm von Iris, Taglilie, Pfingstrose und Türken-Mohn. Literatur, Katalog und umfangreiches begleitendes Seminar- und Kulturprogramm.

Staudengärtnerei Gaissmayer GmbH & Co. KG
Dieter Gaissmayer
Jungviehweide 3
89257 Illertissen
Tel.: 0 73 03 / 72 58
Fax: 0 73 03 / 4 21 81
E-Mail: info@gaissmayer.de
www.staudengaissmayer.de

→ Bio-Stauden, sehenswerte Gärtnerei, Veranstaltungen und Seminare.

Pflanzenschutz und Düngung

Silpan-Pflanzenstärkungsmittel Germania GmbH
Hochstraße 6
65558 Ruppenrod
Tel.: 0 64 39 / 70 05
Fax: 0 64 39 / 68 27
www.silpan.de

→ Pflanzenstärkungsmittel mit natürlich-biologischen Wirkstoffen auf homöopathischer Basis.

Oscorna Dünger GmbH & Co. KG
Erbacher Straße 41
89079 Ulm
Tel.: 07 31 / 9 46 64 0
Fax: 07 31 / 48 12 91
www.oscorna.de

→ Rein organische Dünger, verantwortungsvolle Herkunftskontrolle, Auszeichnung mit Umweltpreisen.

Gartengeräte und Technik

PKS Bronze – Gartengeräte aus Kupferlegierung
Johannes Stadler
Kalterbach 162
A-4820 Bad Ischl
Tel.: 00 43 (0) 61 32 / 2 83 77 0
Fax: 00 43 (0) 61 32 / 2 83 77 4
www.kupferspuren.at

→ Herstellung von Kupferwerkzeugen für die Gartenarbeit nach V. Schauberger.

TINA-Messerfabrik
Friedrich Schwille
Am Heilbrunnen 77/79
72766 Reutlingen
Tel.: 0 71 21 / 49 15 34
Fax: 0 71 21 / 4 62 14
www.tina-messerfabrik.de

→ Gartenschnittwerkzeuge mit guter Stahlqualität und Verarbeitung.

WTA–Theisen (Felco-Scheren)
Fürfelder Straße 20
55585 Hochstätten
E-Mail: anfrage@felco-scheren.de
www.felco-scheren.de

→ Gartenschnittwerkzeuge mit guter Stahlqualität und Verarbeitung.

Kresko Joinature VZ Süd
Fachhandel für Gartentechnik
Dipl. Ing. Rainer Götz
Unter dem Birkenkopf 18
70197 Stuttgart
www.kresko.de
Tel.: 07 11 / 6 56 79 10
Fax: 07 11 / 65 67 91 29

→ Professionelle Bewässerungstechnik und Beratung.

Holzbau

BTI Befestigungstechnik GmbH & Co. KG
Salzstraße 51
74653 Ingelfingen
Tel.: 0 79 40 / 1 41-0
Fax: 0 79 40 / 1 41-64
www.bti.de

→ Montagematerial und Werkzeuge.

Krinner Schraubfundamente GmbH
Passauer Straße 55
94342 Straßkirchen
Tel.: 0 94 24 / 94 01 - 80
Fax: 0 94 24 / 94 01 - 81
E-Mail service@krinner.com
www.schraubfundament.de

→ Schraubfundamente für statisch geprüfte Verankerungen in allen Geländesituationen.

Naturstein

Deutscher Naturwerkstein Verband e.V.
Sanderstraße 4
97070 Würzburg
Tel.: 09 31 / 1 20 61
Fax: 09 31 / 1 45 49
E-Mail: info@natursteinverband.de
www.natursteinverband.de

Vereinigung Österreichischer Natursteinwerke
Scharitzerstrasse 5/II
A-4020 Linz
Tel.: +43 (0)7 32 / 65 60 48
Fax: +43 (0) 76 12 / 8 94 33
E-Mail: voen@gmx.at
www.pronaturstein.at

Naturstein-Verband Schweiz
Seilerstrasse 22
Postfach 5853
CH-3001 Bern
Tel. +41 (0)31 / 310 20 10
Fax +41 (0)31 / 310 20 35
E-Mail: info@nvs.ch
www.nvs.ch

→ Internetseiten mit Adressen von Mitgliedsbetrieben in Deutschland, Österreich und Schweiz mit Bildbeispielen regionaler Natursteine.

Xertifix e.V.
Haslacher Straße 43
79115 Freiburg
Tel.: 07 61 / 76 77 – 6 94
Fax: 07 61 / 76 77 – 6 99
www.xertifix.de
info@xertifix.de

→ Liste mit zertifizierten Händlern.

Register

Hervorgehobene Seitenzahlen verweisen auf Abbildungen.

Impressum

Mit 223 Farbfotos von: **Jürgen Bischoff**, Stuttgart: 11 li.; **Ursel Borstell**, Essen: 154, 155 o. Mi.; **Christine Breier**, Bückeburg: 46; **Andrea Christmann**, Hamburg: 80 u.; **Florapress**: 29 re.; **Florapress/BIOS**: 14; **Florapress/GAP:** 4 u., 16 o., 30, 42 o. re., 67 li., 90, 124 Mi. li., 124 re., 129, 169, 180 re.; **Florapress/Gaby Jacob:** 125; **GAP Photos/Howard Rice:** 182 u. re.; **GAP Photos/Marcus Harpur** (Design: Harpak Design): 68 u. Mi.; **GAP Photos/Rice/Buckland**: 182 o., 182 u. li.; **GAP Photos/Steven Wooster:** 64 o.; **Gartenschatz**, Stuttgart: 122 (alle vier); **GartenBildAgentur/Didillon:** 146; **GartenBildAgentur/Nichols:** 35, 110 o. li., 112 Mi. re., 143, 146 u., 155 o. li., 172 o. re.; **GartenBildAgentur/Noun:** 112 Mi. li.; **GartenBildAgentur/Schröder:** 40 re., 140 o., 166 u.; **GartenBildAgentur/Wegler:** 172 u. re.; **Christian Gehler**, Berlin: 5 o., 16 u., 18 (beide), 20 re., 33 o., 49 o., 64 u., 94, 110 u. re., 132 u., 162 o., 171 Mi., 184 li., 188; **S. Glass,** Crailsheim: 98 li., 174; **Heiko Hähnsen,** Waldenburg: 27, 28 (beide), 40 li., 42 o. li., 42 u., 43, 49 u., 58 (beide), 60, 61 (beide), 67 re., 68 o. li., 68 u. re., 69 o., 80 o., 83, 92 o., 98 li., 101, 112 li., 119 o., 123, 127 li., 132 o., 134 (beide), 138 (beide), 139, 140 u., 142 re., 147 o. re., 147 u. li., 147 u. re., 149 (alle drei), 155 o. re., 156 u., 158 (beide), 159 (beide), 161, 166 o., 171 u., 173 re., 174, 175, 185 (alle drei), 184 re., 186, 191; **Martin Hecking, Dießen**/Ammersee: 82 o.; **Ute Klaphake** (Design: Andrew Loudon, Janine Crimmins), Hamburg: 155 u.; **Johnny Lam,** CND-Toronto: 184 re.; **Marianne Majerus Garden Images:** 148 o.; **Sibille Victoria Müller**, Raubach: 5 u., 11 re., 21 (beide), 22, 56, 77 (beide), 84, 96, 99, 106, 109 (beide), 118 li., 160 Mi., 172 o. li., 176, 178, 180 li.; **Reinhard-Tierfoto**, Heiligkreuzsteinach-Eiterbach: 102 (beide), 104 re.; **Reinhard-Tierfoto/Nils Reinhard**, Heiligkreuzsteinach-Eiterbach: 17, 52, 59 li., 68 o. Mi., 68 o. re., 76; 118 Mi. li., 124 Mi. re., 126, 128 re., 136, 165; **Reinhard-Tierfoto/Hans Reinhard**, Heiligkreuzsteinach-Eiterbach: 10, 19 o. li., 19 u. re., 25 re., 59 re., 68 u. li., 69 u., 72, 74, 75, 100 (beide), 104 li., 110 o. re., 110 u. li., 114, 116, 118 Mi. re., 118 re., 119 u., 147 o. li., 160 re.; **Martin Schröder**, Stuttgart: 4 o., 8, 24, 26 (beide), 54 li., 108, 112 re.; **Shutterstock:** 42 li.; **Monika Steputh**, Waldenburg: 6; **Friedrich Strauß**, Au-Seysdorf: 20 li., 25 li., 29 li., 36, 50, 65, 86, 87, 88, 92 u, 93 re., 98 re., 113, 124 li., 160 li., 168, 173 li.; **Annette Timmermann**, Kalübbe: 2/3, 5 Mi., 19 o. re., 33 u., 41, 54 re., 62, 78, 82 u., 89 (beide), 93 li., 120, 130, 144, 151, 152, 156 o., 162 u., 167, 171 o., 172 u. li.

Mit 18 Illustrationen von Heiko Hähnsen, Waldenburg.

„Wer sein ganzes Leben glücklich sein will, der werde Gärtner."
Chinesisches Sprichwort

Umschlaggestaltung von solutioncube GmbH, Reutlingen.
Umschlagvorderseite: unter Verwendung eines Farbfotos von Florapress/GAP Photos (Naturgarten mit Steinfindlingen, Federgras, Salbei und Fette Henne).
Umschlagrückseite: unter Verwendung von drei Farbfotos von Annette Timmermann, Kalübbe (links: Seerose), Florapress GAP Photos (Mitte: The Bupa Garden) und Heiko Hähnsen, Waldenburg (rechts: Steinspirale).
Vordere innere Klappe: unter Verwendung eines Farbfotos von Sibille Victoria Müller, Raubach (Spirale aus Steinen). Hintere innere Klappe: unter Verwendung eines Farbfotos von Monika Steputh, Waldenburg (Heiko Hähnsen).

Mit 223 Farbfotos und 18 Farbzeichnungen.

Unser gesamtes lieferbares Programm und viele weitere Informationen zu unseren Büchern, Spielen, Experimentierkästen, DVDs, Autoren und Aktivitäten finden Sie unter **www.kosmos.de**

Gedruckt auf chlorfrei gebleichtem Papier

MIX
Papier aus verantwortungsvollen Quellen
FSC® C004592

ISBN 978-3-440-12574-8
Redaktion und Lektorat: Carolin Küßner
Gestaltungskonzept: solutioncube GmbH, Reutlingen
Satz: Atelier Reichert, Stuttgart
Produktion: Atelier Reichert, Stuttgart
Printed in Germany / Imprimé en Allemagne

Alle Angaben in diesem Buch sind sorgfältig geprüft und geben den neuesten Wissensstand bei der Veröffentlichung wieder. Da sich das Wissen aber laufend in rascher Folge weiterentwickelt und vergrößert, muss jeder Anwender prüfen, ob die Angaben nicht durch neuere Erkenntnisse überholt sind. Dazu muss er zum Beispiel Beipackzettel zu Dünge-, Pflanzenschutz- bzw. Pflanzenpflegemitteln lesen und genau befolgen sowie Gebrauchsanweisungen und Gesetze beachten.
Die Blütenfarben sind sortenabhängig, daher können auch Farben auf dem Markt sein, die im Buch nicht genannt werden. Die Blütezeiten sind ebenfalls sortenabhängig, aber auch klima- und standortabhängig. Die angegebenen Wuchshöhen und -breiten der Pflanzen sind Mittelwerte. Sie können je nach Nährstoffgehalt des Bodens variieren. Verschiedene Sorten können deutlich größer oder auch kleiner wachsen als die Art.